天文生物學超入門

從生命起源到系外生物探測
探索宇宙演化的嶄新學問

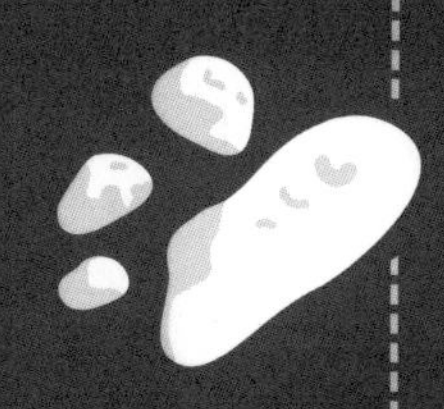

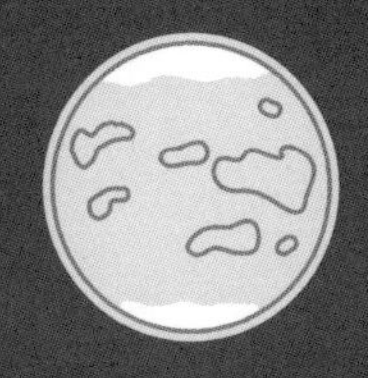

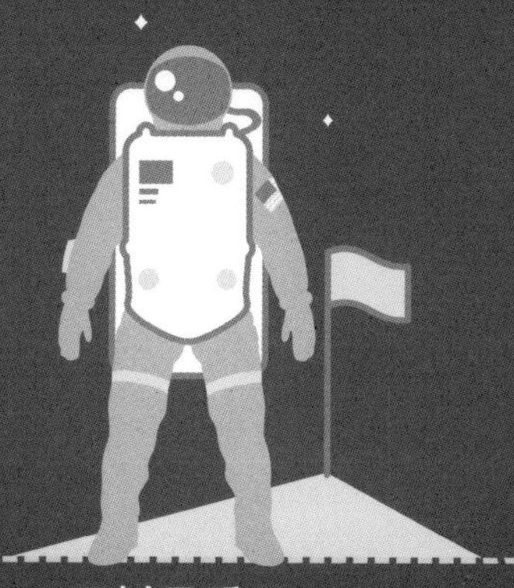

田村元秀／著　陳識中／譯

前言

大家有沒有聽過「天文生物學（Astrobiology）」這個詞呢？

既然會從書架上拿起這本書，就代表你應該對於這個名詞有點感興趣，所以我猜想大家的回答應該是「有」吧。不過，對很多人而言，這或許還是個很陌生的詞彙。

這個詞是天文學（Astrology）和生物學（Biology）組合成的新造詞，實際上有很多不同的含義。

比如，美國太空總署（NASA）的定義是「研究地球上和地外生命的起源、演化、分布、未來的學問」。因為這個定義很廣，所以包含地球在內，只要跟「宇宙」和「生命」有關的東西都被涵蓋其中。另一方面，在醫學上，這個詞主要是指在太空站等微重力環境對人體影響的研究，雖然跟前者的語義稍有出入，但廣義上也包含在此定義內。

不過，像這樣領域的定義「鬆散」絕對不算缺點，反而有助於眾多領域的研究者合作，推動「領域融合」，可說是一種優點。實際上，天文生物學的研究集結了過去被分散在天文學、物理學、生物學、地球與行星科學、醫學、工程學等各個領域的研究者。我自己也是被天文生物學從天文學界吸引而來的研究者之一。

本書的內容，網羅了近年來在定義廣泛的天文生物學中，備受眾人注目的幾大主題。在序章，我們將介紹天文生物學最新的熱門話題，俯瞰整個天文生物學的全貌。接著，我們會在第1部（第1章和第2章）的〈太陽系內的生物探測〉、第2部（第3章和第4章）的〈太陽系外的生物探測〉介紹各個主題的詳細內容。

其中本書將重點著墨我的專長領域，也就是今後10～20年預期將有巨大進展的「太陽系外生物探測」上。探索火星生命等太陽系內的生物探測當然也很吸引人，但是我認為太陽系「外」生物探測的精彩程度也絲毫不遜色。這裡就給大家介紹一個例子吧。其實在太陽系的「鄰居」星系，也可能存在生命喔！

位於南天的半人馬座 α 星，是在夜晚，當我們以肉眼仰望天空時，整個天空中第3亮的恆星。其實這顆星星不是單一恆星，而是由2顆類似太陽的恆星組成的聯星。

1915年，天文學家在距離這顆星星稍遠的位置發現1顆肉眼看不見的暗星，而且已知這顆星星是距離太陽系最近的恆星。然而，它的距離即使用光速航行也要大約4年才能到達，因此以目前的技術不可能搭火箭從地球前往。這顆恆星稱為「比鄰星」或「毗鄰星」。比鄰星離我們這麼近，卻暗得無法用肉眼看見，是因為它是一顆比太陽更輕、更冷得多的恆星。半人馬座 α 星是離太陽系第2近的恆星，後來科學家認為它跟比鄰星其實是一個三合星系統。

在發現比鄰星後大約過了100年，在2016年時，天文學家在這顆恆星的「適居帶（habitable zone）」發現了一顆跟地球類似的行星，並命名為比鄰星 b。

所謂的適居（habitable），是指行星跟恆星保持適當的距離，行星表面的水不會蒸發，也不會結凍，推測可以液態存在的溫度。換言之，比鄰太陽系的比鄰星系內存在著類似地球的行星。

但是，因為這個「第二地球」的恆星很暗，所以它跟恆星的距離非常近，大約只有地球到太陽距離的20分之1左右。這導致這顆行星總是用同一面朝向恆星，只有朝向恆星的那一面被持續加熱的「異形地球」。同時，來自恆星的紫外線和 X 射線很強，對生物來說可能非常難以生存。然而，正因為環境跟地球大相徑庭，所以對融合了多種領域的天文生物學而言，研究生命能否在該環境下生存反而是一個有趣的題目。順帶一提，天文學家在比鄰星系內還發現了另外2顆行星。

在太陽系外行星研究領域，科學家正努力觀測像比鄰星這種小質量恆星周圍的類地行星。雖然對人類來說，和太陽相似的類太陽恆星周圍的行星，研究起來更容易，但這種小質量恆星的周圍更容易發現小質量的行星，而且數量也更多。

舉例來說，現在服役中NASA的TESS衛星（凌日系外行星巡天衛星），以及由日本天文生物學中心所開發的昴星團望遠鏡用的新型紅外線光譜儀IRD，都在致力探索像比鄰星這類靠近太陽系的小質量恆星周圍的類地行星。

在此過程中發現的恆星，對在2021年聖誕節發射升空，2022年7月11日首度公開了精緻全彩圖像的詹姆斯·韋伯望遠鏡來說，是絕佳的觀測對象。

只要比較類地行星通過恆星前面和沒有通過時的照片，就能從兩者圖像的差異分析出該行星的大氣資訊。透過這類觀測，科學家可以得知該行星的大氣中是否存在生命所需的水和其他分子。

除此之外，預定將在2020年代後半到2030年代前半啟用的次世代30m級大型地面望遠鏡（ELT、TMT、GMT）上，將具備可直接拍攝太陽系外行星的特殊裝置（日冕儀），能直接調查行星表面的大氣成分。直接跟地球這種存在生命的行星大氣比較，尋找諸如此類的生命徵兆，被認為可望成為「太陽系外行星的天文生物學」最重要的里程碑。近年，抑制高亮度恆星的光線，以拍攝附近之黯淡行星的技術逐漸進步，比如昴星團望遠鏡已經能夠直接拍到圍繞類太陽恆星公轉的「第二木星」的影像。待這項技術更加進步，應用到30m級望遠鏡上，相信屆時就可以直接拍攝「第二地球」的圖像。

即使是對宇宙、天文、生物都不熟悉的人，相信在抬頭仰望夜空，看見平時從未注意到的繁星時，或許也不禁思考自己究竟為何會誕生在宇宙中。宇宙中有這麼多星星，那麼當中存在生命是不是必然的結果呢？又或者像地球這樣孕育生命的行星是獨一無二的存在呢？這世上到底有沒有外星人呢？是不是一想到火星上可能存在生命，你就輾轉難眠呢？我將本書推薦給所有曾有此類想法的人。當然，即便你平常從未想過這些問題，我也希望本書能勾起你對天文生物學的興趣。

2022年8月

田村元秀

Contents

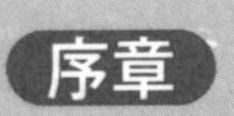

序章 宇宙最大的謎題：地球之外存在生命嗎？

第 1 部
太陽系內的生物探測

第1章 地球上的生物是如何誕生的呢？

第 2 部 太陽系外的生物探測

第3章 太陽系外也有「第二地球」嗎？

第4章 我們能找到有生命存在的系外行星嗎？

序章

宇宙最大的謎題：地球之外存在生命嗎？

暗淡藍點與航海家金唱片

◉ 地球只是宇宙的1個「暗淡藍點」

首先，讓我們先來看一張照片（圖0-01）。這張照片的名稱為「**Pale blue dot**」（暗淡藍點），是從太空拍攝到的地球照片。話雖如此，即便你瞇起眼睛仔細觀察，可能也找不到地球究竟在照片裡的哪個地方。

圖0-01　暗淡藍點

來源：NASA／JPL-Caltech

拍下這張照片的，是NASA（美國太空總署）的無人太空探測器**航海家1號**（Voyager 1，圖0-02）。1990年2月14日，航海家1號離開地球約60億km，來到冥王星軌道的外側。

圖0-02　航海家1號（插畫）

來源：NASA／JPL-Caltech

在結束當初設定好的木星和土星觀測任務後，航海家1號繼續朝著太陽系邊緣航行。

美國天文學家**卡爾．薩根**（Carl Sagan，1934～1996）是航海家計劃的主持者之一。他在這時向NASA提議將航海家1號的攝影機轉向地球，拍攝了照片。

請再看一遍圖0-01。在靠近照片中央附近的淡淡太陽光線中間，是不是有個類似灰塵的小白點呢。這就是地球。時至今日，這張照片仍是目前從最遠處拍到的地球影像。

圖0-03　航海家號拍下的太陽系「全家福」

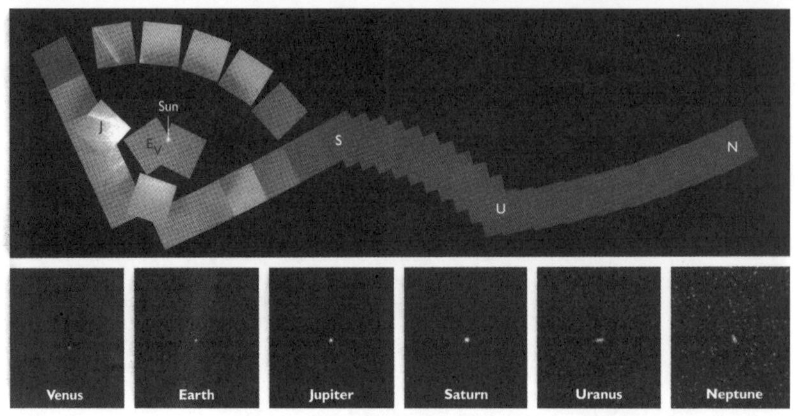

來源：NASA／JPL-Caltech

除了地球以外，航海家號也同時拍攝了太陽系中其他行星的照片（圖0-03）。雖然水星和火星沒有順利拍攝成功，但金星、木星、土星、天王星、海王星，以及太陽都有拍到其影像。這幾張照片或許可以說是太陽系的「全家福」吧。

◉ 像地球一樣的星球在宇宙是獨一無二的嗎？

天文單位是天文學用的距離單位。1天文單位約等於地球到太陽的平均距離，即1億5000萬km。而當時航海家1號跟地球的距離約為60億km，差不多等於40天文單位。

圖0-04　卡爾．薩根

來源：NASA／JPL

拍攝地點與地球的距離，約是太陽和地球距離的40倍。地球在這張照片上不過是個不到1像素（pixel）、淡淡的藍色小點（pale blue dot）。在這個小點上，1990年當時約有50億人，而現在則有近80億人居住。不僅如此，推估約有500萬種到3000萬種的地球生物，全都生活在這個小小的藍點上。

看到這張圖片後，薩根（圖0-04）如此感嘆：

「這1像素就是我們。我們所有人。」（“This single pixel is us. All of us.”）

薩根同時也是一位有名的作家，出版了很多淺顯易懂、介紹天文學和行星科學魅力的書。相信很多讀者應該都讀過他在全球暢銷的《宇宙》一書。在他的著作《淡藍色的小圓點》（英文原名：Pale Blue Dot）中，也曾如此寫道：

「沒有什麼能比從遙遠太空拍攝到的我們微小世界的這張照片，更能展示人類的自負有多愚蠢。對我而言，這也是在提醒我們的責任所在：更和善地對待彼此，並維護和珍惜這顆暗藍色的小點——這個我們目前所知唯一的家園。」

不僅如此，這張照片也讓我們不禁思考：**像地球這樣的星球，在這片浩瀚的宇宙中是獨一無二的存在嗎？**又或者，宇宙中存在很多類似地球的行星，而且那些星球上也都孕育著生命呢？還是說，宇宙中也存在環境跟地球大相徑庭，卻像地球上孕育了生命的行星，或是存在著上面生活著跟地球生命完全迥異的「異形生物」的星球呢？

◉ 航海家號攜帶的金唱片

航海家1號的姊妹船**航海家2號**（Voyager 2），在1977年發射升空。1979年到1980年代，這2架探測機先後來到比木星更外側的行星，也就是接連抵達木星、土星、天王星、海王星，讓我們看到太陽系外側行星們那遠遠超乎想像，卻又充滿魅力的模樣（圖0-05：木星大紅斑的放大圖。圖0-06：土星及其衛星。兩者皆由航海家1號拍攝）。

航海家號的英文原名是「Voyager」。一如其名，這2架航海家號此時此刻仍在以時速大約6萬km的超高速，向著浩瀚的宇宙持續航行。

航海家1號在2012年，航海家2號也在2018年時離開了**太陽圈**，進入星際空間（interstellar space）。來自太陽的帶電粒子風——**太陽風**能抵達的

圖0-05　木星大紅斑的放大圖

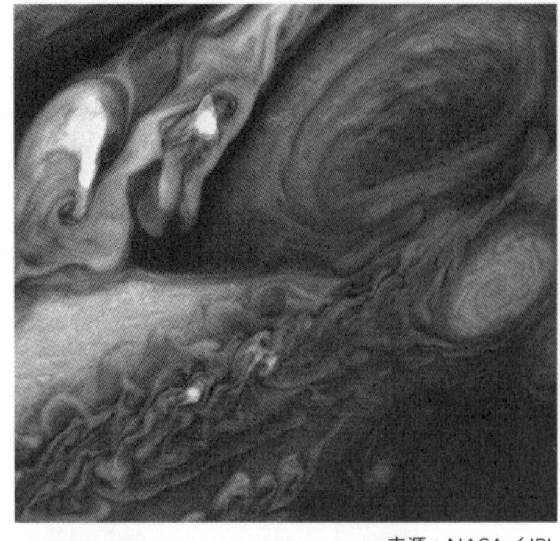

來源：NASA／JPL

圖0-06　土星及其衛星

來源：NASA／JPL

圖0-07　航海家號的金唱片

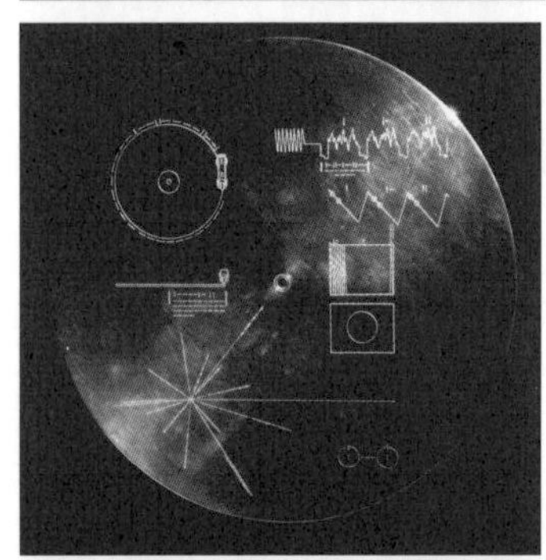

來源：NASA／JPL

範圍稱為太陽圈。但離開太陽圈不等於離開太陽重力範圍的**太陽系**。一般認為在太陽系的邊緣，存在著一片名為歐特雲的小行星團。這2架航海家號，預計會在距今約3萬年之後才能穿越歐特雲，完全離開太陽系。

這2架航海家號的機上，都攜帶了一片鍍金的銅製唱片（碟片）。這2張碟片俗稱**航海家號金唱片**（Voyager Golden Records，圖0-07：上面是唱片封套，下面是唱片本體）。

這2張唱片中紀錄了地球上的各種聲音和訊息。收錄內容包含55種地球人不同語言的問候，海浪、鳥類、雷鳴、鯨魚的叫聲等各種聲音，以及全世界的古典音樂和民族音樂等等。內容包括古典樂、爵士樂、搖滾樂，其中也有日本的尺八本曲《鶴之巢籠》。除此之外，裡面還記錄了人類活動、地球景色、火箭等科學技術的照片和圖片的音訊化資料（可復原成圖片）。封套上也印了關於唱片內容的符號化訊息。

在遙遠的未來，航海家號也許會遇到**外星智慧生命體**，也就是俗稱的「外星人」也說不定。科學家們希望，屆時外星人將能解讀金唱片的內容，知道地球這顆星球與地球人的存在。被寄與這份心願的金唱片，就像是人類丟入宇宙這片大海的瓶中信。

在2022年7月，航海家1號已經來到距離地球約230億km（約156天文單位），航海家2號則在約190億km（約130天文單位）的地點。不知道我們送出去的瓶中信，是否會有被外星人撿到，又是否會有收到回信的那天呢？說起來，宇宙中是否又存在其他生命呢？

世界各國陸續發射火星探測器

◉ 紅色行星・火星上也會孕育生命？

在緊鄰地球的外側軌道上公轉的紅色行星——**火星**（圖0-08），體積約為地球的一半，質量約為9分之1。火星是在距今大約46億年前，跟地球等其他太陽系的行星一起誕生的。一般認為，火星當時的行星形成過程，以及剛誕生時的行星環境，可能都跟地球非常類似。因此不少科學家都猜想火星會不會跟地球一樣，也曾出現過生命。

圖0-08　地球（左）跟火星（右）的比較

來源：地球＝NASA／Apollo 17 crew.
火星＝ESA／MPS／UPD／LAM／IAA／RSSD／INTA／UPM／DASP／IDA

近年，世界各國都在朝火星發射無人探測器。這些探測任務的目標之一，便是**探測火星的生命**。

由於太陽系的行星都用不同的軌道和週期繞著太陽**公轉**，因此行星之間的相對位置不斷在改變。火星的公轉週期約為687天，而地球的公轉週期大約是365天。

公轉速度比火星更快的地球，每780天左右（約2年2個月）就會追上並超車火星一次。只要趁著這個交會時機發射探測器，就能用最少的燃料和最高的效率到達火星。換言之，發射火星探測器的最佳時機，大約每2年會來臨一次。

2021年2月，是前一年火星接近時各國發射的火星探測器抵達火星的密集期。首先進入火星環繞軌道的是阿聯（阿拉伯聯合大公國）的火星探測器「希望號（HOPE）」（圖0-09）。這架又被稱為「Al-Amal」，即阿拉伯語「希望」的探測器，是阿拉伯國家中最先成功到達火星的探測器。

圖0-09　阿聯的火星探測器希望號（插畫）

來源：MBRSC／UAE SPACE AGENCY

希望號是在前一年的2020年7月，從鹿兒島縣的種子島宇宙中心，由日本火箭「**H2A**」發射升空的。2021年是阿聯獨立50週年，因此這項火星探測計劃也有紀念阿聯獨立的意義。當時阿聯大城杜拜的世界最高建築「哈里發塔」(828m)，整座建築都點亮了象徵火星的紅色燈光進行慶祝。希望號計劃將用大約2年的時間觀測火星的大氣和表面溫度等等，取得用來研究火星大氣和天候的資料。

◉ 立志成爲太空強國的中國也發射了火星探測器

同樣是在2021年2月，中國的火星探測器「**天問1號**」也進入了火星軌道。

接著在2021年5月，該探測器發射的登陸器(lander)成功降落在火星表面。其內部搭載的探測車「**祝融號**」(圖0-10)在火星表面展開活動。「天問」一名取自古代中國詩人屈原描述宇宙和人生等問題的古詩《天問》，而「祝融」則源自於中國神話中的火之神。

圖0-10　降落在火星的祝融號(插畫)

來源：新華社、中國國家航天局

立志成為「宇宙強國」的中國，近年來在發射衛星、建設屬於自己的太空站以及月球探測等方面非常積極。

然而在2011年，中國委託俄羅斯進行的第1個火星探測器「螢火1號」卻發射失敗。「天問1號」是中國首個成功發射並進入軌道的火星探測器。

此外，中國也成為第3個成功實現火星軟著陸的國家，僅次於前蘇維埃聯盟(蘇聯)和美國，並成為僅次於美國的第2個用探測車在火星展開探測的國家。

天問1號可以遙控方式調查火星的地形和地質。而祝融號的任務則是調查火星的地質結構、氣候、表土組成，以及地表下的水（冰）分布。

◉ 將火星石頭帶回地球的第一步

美國是從1960年代就開始持續進行火星探測的老牌國家。在2020年7月，美國成功將新的火星探測任務「**火星2020**（Mars 2020）」的探測器發射升空。

這個暱稱為「**毅力號**（Perseverance）」（圖0-11）的探測車，於2021年2月成功降落在火星的「**耶澤羅撞擊坑**」上。科學家認為，這裡以前曾存在一個覆蓋整個撞擊坑的湖泊，且有河流從周圍流入其中。毅力號著陸的地點，被認為是靠近湖泊河口的位置。科學家期待著毅力號能在這個地區找到從河流流入、沉積在這裡的火星有機物和微生物的痕跡。

除此之外，毅力號還將收集岩石和土壤，將其放入樣本容器中。未來，預計將有另一輛探測車回收這些容器，並將其發射到火星的軌道上，然後由火星繞行器將樣本帶回地球。在回收探測車抵達之前，毅力號將獨自在火星上忍耐嚴酷的環境。這便是它被稱作「毅力號」的原因。

圖0-11　火星探測車「毅力號」（插畫）

來源：NASA／JPL-Caltech

圖0-12　由毅力號在火星地表拍攝的機智號

來源：NASA／JPL-Caltech

此外，這次探測任務還使用了一架小型的無人直升機「**機智號**(Ingenuity)」(圖0-12)。

這是第1次有直升機在地球以外的星球上飛行。直升機只能在擁有大氣層的天體上飛行。而火星的地表大氣壓只有地球的大約1000分之6，因此直升機能產生的揚力比在地球上小得多。不過，火星的重力只有地球的約3分之1，這意味著即使揚力較小，直升機也能夠在火星上飛行。

機智號配備了攝影機，可以從空中拍攝火星地表的照片。它能拍到火星繞行器無法拍到的火星地表的高解析度圖像，還能探索火星探測車無法到達的地點，具有多種應用的潛力。

尋找有生命行星的詹姆斯・韋伯太空望遠鏡

◉ NASA發射的革命性太空望遠鏡

時間回到2021年的聖誕節（當地時間12月25日上午7時20分）。在法屬圭亞那的圭亞那太空中心，搭載了革命性太空望遠鏡的亞利安5號火箭發射升空（圖0-13）。這是由美國NASA主導開發的**詹姆斯・韋伯太空望遠鏡**。它也被簡稱為韋伯望遠鏡或JWST（James Webb Space Telescope）。它是以主導了美國早期太空開發任務，為阿波羅計劃等打下了基礎的美國太空總署（NASA）第2任局長，詹姆斯・E・韋伯（1906～1992）的名字命名。

圖0-13　用亞利安5號火箭發射升空的詹姆斯・韋伯太空望遠鏡

來源：NASA TV

該望遠鏡最初於1996年正式提案時，預計總成本為5億美元，並計劃在2007年左右發射。然而，由於設計變更和開發延遲，發射時間不斷推遲。最終，該計劃變成了總成本（包括運營費用）大約100億美元的超巨額項目。

望遠鏡最大的敵人就是地球的大氣層。在大氣中的原子、分子、塵埃以及地球大氣層的干擾下，地面上的望遠鏡難以捕捉到天體的清晰影像。同時某些波長的光（電磁波）也會被大氣層吸收，無法到達地表。而放置在不受大氣影響的太空中的望遠鏡，則可獲得地面望遠鏡所無法觀測到的清晰天體影像。

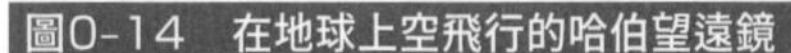
圖0-14　在地球上空飛行的哈伯望遠鏡

來源：STS-82 Crew, STScI, NASA

若說起太空望遠鏡的代名詞，答案必然是**哈伯太空望遠鏡**（圖0-14）。它是由NASA在1990年所發射升空，在大約600km的高空軌道繞行的「空中天文台」。哈伯望遠鏡的口徑為2.4m，跟地面上的大型望遠鏡（口徑約10m左右）相比，算是非常小的尺寸。然而，其解析度（能夠分辨2個相距遙遠的點的能力）卻非常高，達到0.02角秒（相當於視力3000），能將光線聚焦成小點，能觀測到28星等的極暗天體。

哈伯太空望遠鏡屢次更新「最遙遠星系」的發現紀錄，在天文學史上取得了許多重要的科學成果。**觀測遙遠的宇宙，實際上就是在觀看過去的宇宙**。哈伯望遠鏡發現到的最遙遠星系的光，足足花了134億年才抵達地球。

換言之，我們觀測的其實是134億年前存在於宇宙中的星系。宇宙的誕生被認為發生在約138億年前，所以這個星系被認為是宇宙歷史最早期存在的星系之一。

◉ 主鏡在摺疊狀態下發射升空

詹姆斯．韋伯太空望遠鏡被定位為哈伯太空望遠鏡的後繼者（雖然哈伯太空望遠鏡仍在運行並進行觀測）。詹姆斯．韋伯太空望遠鏡的主鏡直徑為6.5m，幾乎是哈伯望遠鏡的3倍，是迄今為止最大的太空望遠鏡。

但主鏡這麼大的太空望遠鏡，無法直接搭載在火箭上。因此它的主鏡被分為18個小六邊形鏡片，以折疊狀態進行發射（圖0-15）。

詹姆斯．韋伯望遠鏡進入太空後才展開主鏡，並於2022年1月進入了觀測點附近的**拉格朗日點 L2**的軌道（圖0-16）。從地球來看，它位於與太陽正好相反的方向，距離地球約150萬km。在拉格朗日點，人造衛星可以在重力作用下的穩定停留在原處。

圖0-15　主鏡摺疊狀態的詹姆斯．韋伯太空望遠鏡

來源：NASA／Chris Gunn

拉格朗日點一共有5個，其中L2點是對人造衛星而言太陽和地球位於相同方向的點。換言之，它能夠永遠背對太陽和地球，面朝深空方向觀測，對於太空望遠鏡來說是個絕佳的位置。

同年3月，詹姆斯．韋伯望遠鏡完成了鏡片的定向微調，並確認所有性能都按預期運作，甚至比預期更好。到5

圖0-16　詹姆斯．韋伯太空望遠鏡的觀測點

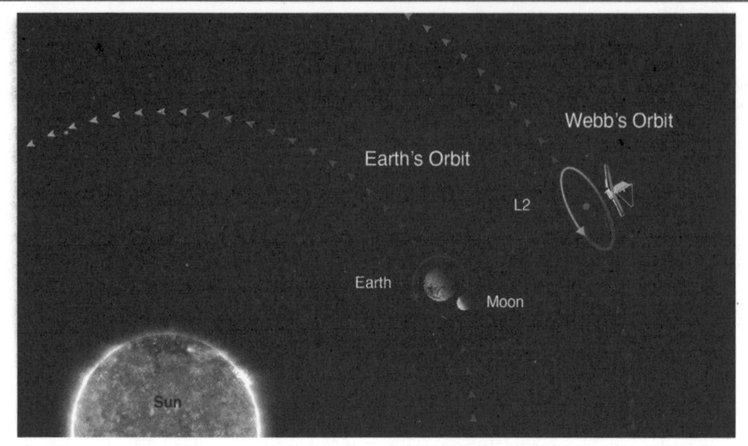

來源：STScI

月，它的5個觀測儀器都傳回了圖像，調整工作進行得非常順利。

然後在2022年7月，詹姆斯．韋伯太空望遠鏡正式展開全面觀測，首次觀測圖像和數據也已經公開。有關它的詳細內容，我們到第4章再來介紹吧。

◉ 剛開始觀測就有了諾貝爾獎級的發現!?

哈伯太空望遠鏡主要用於觀測天體發出的光（**可見光**）。相對地，詹姆斯．韋伯太空望遠鏡主要觀測的是波長比可見光更長的**紅外線**。紅外線和可見光都是**電磁波**的一種，而不同波長的電磁波有不同的名字。

科學家已知不同種類的分子會吸收特定波長的電磁波。而紅外線具有在某些波長範圍內，容易被水分子和二氧化碳分子吸收的特性。因此，來自宇宙的紅外線會被地球大氣中的水蒸氣和二氧化碳吸收、減弱，使得地面上的望遠鏡難以觀測。

而詹姆斯．韋伯太空望遠鏡是太空望遠鏡，由於不會受到大氣的干擾，因此能用以地面望鏡約1000倍的敏感度觀測紅外線（圖0-17）。另外，它的主鏡上還有鍍金，可更好地反射紅外線。

圖0-17　在太空進行觀測的詹姆斯．韋伯太空望遠鏡（插畫）

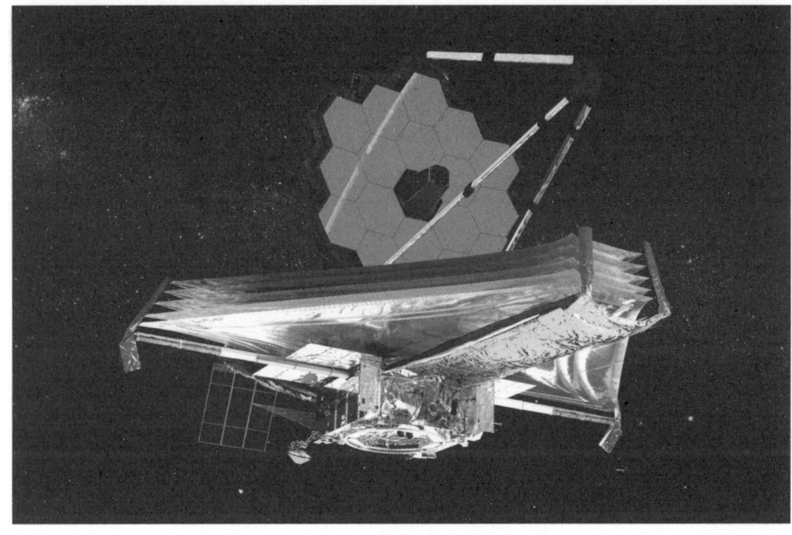

來源：NASA GSFC／CIL／Adriana Manrique Gutierrez

那麼科學家用這個最先進的太空望遠鏡觀測宇宙中的紅外線，究竟想要解開什麼謎呢？詹姆斯．韋伯太空望遠鏡的使命，主要有2大目標。

第1個目標是想尋找出「**存在生命的行星**」。通過觀測太陽以外的恆星周圍的行星（稱為**太陽系外行星**或**系外行星**），探索宇宙中存在生命的可能性。

然而，詹姆斯．韋伯望遠鏡的敏感度和解析度並不足以尋找與地球相似的行星。它的觀測目標主要是類似地球大小的**超級地球**（super-Earth），以及類似太陽系木星那樣的巨大氣態行星。對於前者，科學家希望通過分析系外行星從恆星前方通過時的光線，來探測系外行星的大氣層，並尋找生命存在的跡象（例如，大氣中是否含有水蒸氣等）。這種觀測被稱為凌日法，而詹姆斯．韋伯太空望遠鏡的凌日觀測將為這一領域帶來革命。而對於後者，則是用一種稱為**日冕儀**的裝置遮擋恆星的光線，來拍攝位於恆星周圍的系外行星影像。

另一個目標，則是觀測宇宙中最早開始閃耀的那批恆星（**第一代恆星**）和銀河。天文學理論預測，第一代恆星是在宇宙誕生約2億年後，即距今約

136億年前開始閃耀的。由於詹姆斯・韋伯太空望遠鏡可以觀測到約135億年前的宇宙初期，因此應該非常接近第一代恆星的誕生時間。

像第一代恆星這種宇宙早期誕生的超遠天體的光，其波長會因**宇宙膨脹**而被拉長，以紅外線的形式到達地球。而詹姆斯・韋伯太空望遠鏡要觀測的正是這個紅外線。

不論是存在生命的行星還是第一代恆星，一旦找到的話都將是諾貝爾獎級別的重大發現。除此之外，在太陽系內的天體、恆星和行星的形成區域，恆星的壽命末期，以及過去被宇宙塵蓋住而觀測不到星系等所有天文學的研究領域中，詹姆斯・韋伯太空望遠鏡都被寄望能在開始觀測後，迅速取得足以改寫天文學史的成果。

為何天文生物學正備受注目？

◉ 將「地球生物學」擴張到宇宙

Astrobiology 這個詞可能對許多人來說還不太熟悉。這個詞在1990年代後期因被 NASA 當成標語而推廣開來。Astro 代表天體，biology 代表生物學，所以直譯成中文就是「天文生物學」。

在日本，有時候研究地球上生物在宇宙環境中面臨的無重力和宇宙輻射等影響的學問，也屬於天文生物學的範疇。出於這個原因，這項新興的學問在現代受到重新關注。

那麼，天文生物學究竟是一門怎麼樣的學問呢？它是一門**以宇宙爲舞台，探索能夠孕育生命的地方以及生命的存在，並討論包含地球和地球之外的生命起源和演化的新興學問**（圖0-18）。

話雖如此，我們唯一認識的就只有地球上的生物。那麼，地球之外是否也存在生命呢？如果存在，它們在哪裡？是什麼樣的生物？它們跟地球生物相似嗎，又或者有著大異其趣的外貌和生理機制？還有，假如宇宙中存在生命，那麼一切生命的起源是在宇宙的哪裡呢？天文生物學就是嘗試去回答這些問題的學問。

圖0-18　在宇宙探索生命起源的天文生物學（概念圖）

來源：NASA

傳統生物學的研究對象只有地球的生物，實際上可以說是**地球生物學**。假如存在一門將研究對象擴展到整個宇宙的**普遍生物學**，那麼這門學問正是天文生物學。即使剛開始還無法稱得上普遍，但若能在各種系外行星上發現各式各樣的生物跡象，那麼**多元行星生物學**將首先開花結果，筆者是這麼認為的。

天文生物學的特性，使其注定涉及非常多不同的研究領域，成為一項跨學科的學問。

它包括了生物學、生物化學、分子生物學、演化學，當然還有天文學、行星科學、地球科學、理論物理學、化學，甚至宇宙工程學等等。對於同一件事情，不同研究領域，甚或是不同的研究者，觀點可能都大不相同。這正是新誕生的跨學科學問的特點，也可以說是其最大的魅力之一。

◉ 天文生物學受注目的2個原因

現在，天文生物學開始受到社會大眾廣泛關注的原因，我認為主要有2點。

第1點，是通過無人探測器**對太陽系行星和衛星進行直接探測**，提高了在太陽系內發現生命的可能性。

過去，美國火星探測器**維京號**（Viking）曾登陸火星，並檢查表面土壤尋找生命，但最終未能找到。

然而，透過自1990年代末期以來的新一輪火星探測，科學家發現古代的火星

圖0-19　在火星探索過去生命留下之有機物的NASA探測車「好奇號」（概念圖）

來源：NASA／JPL-Caltech

曾存在大量的水。因此，火星在過去曾有可能孕育過生命。就算現在完全死絕了，仍有可能發現它們的痕跡（圖0-19）。此外，我們也發現木星和土星的衛星（月球）表面冰層下存在著「內部海」。這也為生命的存在提供了希望。

迄今為止，以及之後的未來，世界各國都將繼續把探測器送往火星，以及木星和土星的冰衛星，儘管發現高度進化的大型生物的可能性微乎其微，但說不定能夠找到微生物的存在。這些太陽系內的生物探測故事，我們將在第2章中詳細介紹。

第2個原因，是科學家對存在於太陽系之外的行星，即**系外行星的探測**，在過去的25年取得了空前的進展。

人類首次發現在恆星周圍運行的系外行星，是在1995年。而截至2022年，科學家發現的系外行星數量已經超過了5000顆（圖0-20）。今後的發現數量肯定還會繼續增加。

圖0-20 宇宙充滿了系外行星（概念圖）

來源：NASA／JPL-Caltech

根據觀測數據，科學家推測在像太陽這樣平均亮度的恆星周圍，約有10%的機率存在著地表擁有海洋的行星。考慮到宇宙中恆星的數量「多如繁星」，可能存在生命的系外行星數量理應也非常繁多。因此，尋找存在生命的系外行星，正成為天文學領域的一大關注焦點。有關系外行星的生物探測，我們將在本書的第2部（第3、4章）介紹。

◉ 生命即使在嚴酷的環境下也能存續

除此之外，**對地球和地球生命的認識**也有了很大的進展。例如，隨著行星科學、地球化學和地質學等領域的進展，我們對大約46億年前地球的早期狀態已有相當程度的了解。現在已經知道剛誕生時的**原始地球**溫度是多少，大氣組成是什麼，大陸和海洋是何時形成的等等。在對早期地球環境有更多了解後，科學家也能推測地球生命誕生的過程。

同時，我們還發現生物遠比我們想像的更加強韌。生物學家已找到能在超過100℃的高溫、0℃以下的低溫、強酸性或強鹼性、超高壓等極端環境下生存的生物（主要是微生物）。這些生物被稱為**嗜極生物**。

原始地球也屬於極端環境，最初誕生的地球生命可能就是能夠適應這些極端環境的生命形式。同樣地，宇宙也是一種極端環境。因此，在地球之外的行星上也有可能誕生、演化出嗜極生物。關於這部分，我們將在第1章詳細探討。

人類如何看待地外生命的存在

◉ 想像異世界居民的古代人

古代的人類是如何看待地球外生命存在的呢？讓我們在序章的最後，快速回顧一下在天文生物學這門學問誕生前，古代的「地球外生命觀」是什麼樣的。

在世界各地的神話和傳說中，都有各種「異世界的居民」登場。在著名的**希臘神話**中，活躍著各種充滿人性魅力的天界神祇和英雄，像是統治神宙斯、太陽神赫利俄斯、月亮女神塞勒涅等等。同樣，在古代中國的陰陽思想中，也有金星、木星、火星、土星和水星的**五星之靈**等神祇存在。

被認為是日本最古老的故事《竹取物語》，則講述了月球居民（月球人）竹取公主的故事。據說這個故事是根據古代中國傳說中，仙女嫦娥從西王母偷取長生不老之藥後逃到月亮的故事改編而來。

然而，若撇除神話或童話故事，第一批認真在學術上思考地外生命存在的人，是古希臘的**自然哲學家**。數學家**畢達哥拉斯**（Pythagoras，前582～前496，圖0-21）曾告訴他的學生們，宇宙中存在許多與地球相似的世界，而每個世界應該都有各自的居民。還有，認為世間萬物都由最基本的微

圖0-21　畢達哥拉斯

圖0-22　德謨克利特

圖0-23　伊壁鳩魯

粒——原子所組成的**德謨克利特**（Democritus，前460左右～前370左右，圖0-22），則認為太陽系之外可能還存在著其他行星系統，並想像它們大多應該都存著生命。

另外，將快樂視為人生目標的**伊壁鳩魯**（Epicurus，前341～前270，圖0-23）也曾說過，在無限廣闊的宇宙中存在著無限多個世界，而且每個世界都存在諸如動物、植物等各種在地球上可觀察到的事物。

◉ 主張外星人存在而被處以火刑的神父

隨後，基督教的教義和世界觀在西方廣泛傳播。當時的教會宣稱地球是宇宙的中心，而人類是神仿造自身姿態所創造的萬物之靈，並賦予人類管理地球的職責。人們被禁止自由地思考宇宙和地外生命的存在。

然而，經過長達千年的歲月，「黑暗的中世紀」結束，文藝復興時代來臨。波蘭的天文學家**尼古拉・哥白尼**（Nicolaus Copernicus，1473～1543）和義大利的天文學家**伽利略・伽利萊**（Galileo Galilei，1564～1642）主張太陽才是宇宙的中心（地動說）。而若地球不是宇宙的中心，就沒有理由認為地球是唯一存在生命的地方。

圖0-24　焦爾達諾・布魯諾

首先公開討論地外生命的先驅，是義大利的**焦爾達諾・布魯諾**（Giordano Bruno，1548～1600，圖0-24）。作為虔誠的基督教神父，他認為擁有無限能力的神不會只創造有限的宇宙。他主張宇宙是無限的，其中存在無數的太陽和地球，無數的宇宙居民。但羅馬教會無法容忍這種比地動說更極端的思想，大為震怒，布魯諾因此被教會處以火刑。

另一方面，德國的**約翰尼斯・克卜勒**（Johannes Kepler，1571～1630，圖0-25）則從科學考察中得出「月球上存在高等文明生物」的結論。他是因發現行星的軌道是橢圓形的「克卜勒定律」而聞名的天文學家。克卜勒在月球表面上觀察到不規律和規律的地形，並主張後者乃是大規模的人工建造

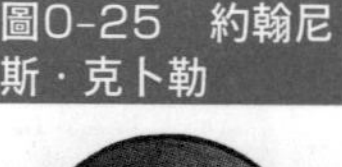
圖0-25　約翰尼斯・克卜勒

物。他認為能建造這類建築物，證明了月球居民擁有發達的文明。

新的宇宙觀和地外生命觀的誕生也影響了文學界。比如由法國作家**西哈諾・德・貝熱拉克**（Savinien de Cyrano de Bergerac，1619～1655）創作，並在死後出版的《月世界旅行記》和《太陽世界旅行記》。書中描述主角利用氣球等裝置前往月球和太陽，與不同世界的居民交流，是一個類似科幻小說的故事。還有，法國思想家**貝爾納・勒・布耶・德・豐特奈爾**（Bernard Le Bovier de Fontenelle，1657～1757）的《世界的多元性對話》也成為暢銷歐洲各地的天文學科普啟蒙書。這本書以作者和侯爵夫人的對話方式，介紹了以地動說為基礎的太陽系結構以及其他行星可能存在智慧生命的可能性。通過這些著作，普羅大眾得以認識最新的宇宙觀，並開始相信地外生命的存在。

◉ 羅威爾引發的火星運河爭論

到了18世紀，無論是天文學家還是一般人，皆已把地外生命的存在視為理所當然。在當時人們的想像中，地外智慧生物跟人類一樣由上帝仿造自身姿態創造，而且是比人類更完美的種族。

德國的偉大哲學家**伊曼努爾・康德**（Immanuel Kant，1724～1804）曾思考過該如何與外星人取得聯繫。他主張，只要利用數學這一宇宙的普遍真理，或許就可以跟外星人交流。19世紀前葉，德國數學家**卡爾・弗里德里希・高斯**（Carl Friedrich Gauss，1777～1855）提議在西伯利亞的大地上繪製畢達哥拉斯定理的解釋圖，將其當作給外星人的信息。儘管這一想法沒有付諸實踐，但它表明當時的人們普遍相信地外生命的存在。

然而，到了19世紀後葉，這個風潮發生了巨大變化。隨著**天體物理學**的出現，通過分析天體的光線，科學家了解到太陽是個超高溫的火球，而太空則是超低溫且真空的。對太陽系各行星的觀測結果也顯示，這些行星是否

圖0-26　帕西瓦爾·羅威爾

存在適合生命活動的大氣和液態水令人懷疑。因此，科學家之中開始有人對地外生命的存在提出質疑的聲音。

在此背景下，19世紀末發生了著名的**火星運河爭論**。美國天文學家**帕西瓦爾·羅威爾**（Percival Lowell，1855～1916，圖0-26）用望遠鏡觀測火星，主張在火星表面看見的條狀紋路（圖0-27）是火星上的智慧生命體創造的運河。然而其他天文學家觀測時並未看到這種結構，對其存在產生了質疑。但羅威爾沒有改變自己的觀點，反而到處舉辦針對一般大眾的演講，堅稱火星上存在運河和智慧火星人。這在一般民眾中掀起了一股火星熱潮，據說當時很多人為了觀察火星運河而跑去購買望遠鏡。

圖0-27　羅威爾描繪的火星運河

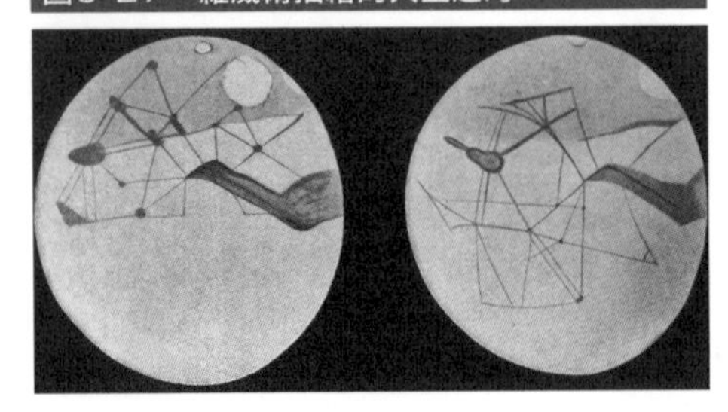

看中了這一熱潮，英國作家**H·G·威爾斯**（Herbert George Wells，1866～1946）在1898年發表了長篇科幻小說《**世界大戰**》。這篇描述凶殘火星人入侵地球的故事廣受歡迎。後來許多作品中火星人之所以都是章魚狀的外形，正是受到該作品的影響（圖0-28）。《世界大戰》後來在美國被改編成廣播劇公開播放，由知名演員奧森·威爾斯以實況報導的方式描述火星人的來襲。當時許多美國人收聽之後，誤以為真的有火星人入侵，還引發一陣恐慌。

圖0-28　《世界大戰》封面上描繪的火星人

進入20世紀後，**無線通信技術**問世，並迅速發展。假如火星確實存在高級文明，那他們很可

能也會使用無線電通信。於是人們開始觀測來自火星的人造電波，但結果卻以失敗告終。此外，隨著望遠鏡性能的提升，天文學家也確認了火星表面不存在條狀紋路。火星和火星人的熱潮因此退燒。

◉ 太空探索時代的揭幕和外星生物學的誕生

第二次世界大戰結束後，東西冷戰開始，美國和蘇聯為了國家威信展開了太空開發和探索競賽。先取得領先的是蘇聯。1957年10月，蘇聯發射了世界第1顆人造衛星**史潑尼克1號**（Sputnik 1），並於1961年4月由加加林上校駕駛**東方1號**（Vostok 1），成功地完成了人類最早的載人宇宙飛行。然後在1966年2月，無人探測器月神9號也搶先美國首次抵達月球。另一方面，美國則在1969年7月用載人太空船**阿波羅11號**（Apollo 11）成功在月球軟著陸，首次實現了人類登月。

同時，無人探測器也陸續被送往太陽系的各個行星。美國的**水手9號**（Mariner 9）於1971年接近火星，拍到了許多看起來像是有河流流過的地形。這提高科學家對火星過去可能存在生命的期待，但隨後由**維京號**探測器執行的生物探測任務卻以失敗告終。關於維京號的火星生物探測任務，我們將在第2章中詳細討論。

然後在1960年，當時美國的分子生物學家**約書亞・雷德伯格**（Joshua Lederberg，1925～2008，圖0-29）提出了一個建議。在2年前剛拿到諾貝爾醫學與生理學獎的雷德伯格，對即將到來的太空開發和探索時代感到擔憂。他擔心火箭或探測器上附著的地球微生物會汙染其他行星，導致該行星上的生物滅絕。相對地，在探測器返回地球後，其他行星的微生物也可能會被帶回地球，引發威脅地球生物的傳染病。因此，他在1960年的第1屆國際太空研討會上倡議建立一門名為**地外生物學**（Exobiology）的新學科。

圖0-29　約書亞・雷德伯格

來源：National Library of Medicine

Exo是「外部的」之意，指的是地球之外的環境。

根據雷德伯格的建議，NASA在1960年成立了地外生物學部門，並在這裡進行了天文生物學的前瞻性研究。此外，在阿波羅11號的太空人返回地球時，也進行了嚴格的**宇宙檢疫**。儘管當時已普遍認為月球上不太可能存在生命，但還是對可能附有月球塵埃的返回艙做了徹底清潔，並對3名太空人進行了長達21天的隔離。然而，自阿波羅15號確認月球不存在生命後，後來便不再進行這類檢疫。關於宇宙檢疫的話題，我們將在第2章詳細介紹。

第 1 部

太陽系內的生物探測

第1章

地球上的生物是如何誕生的呢？

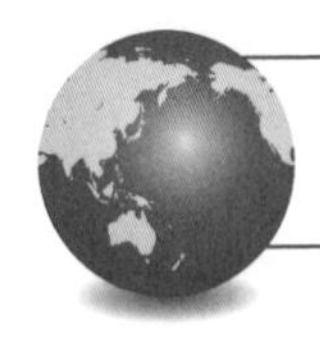

太陽系的行星們

◉ 距離的單位：天文單位和光年

在第1章，我們將介紹與天文生物學基礎相關的**地球歷史**和**地球生命誕生的情況**。

首先要介紹的，是關於太陽系行星的基本知識。

我們的**太陽系**，由太陽這顆**恆星**，以及在太陽重力牽引下繞著太陽公轉的行星等天體組成。恆星通過核融合反應自行燃燒並散發光芒。另一方面，行星不會自己發光，是透過反射恆星的光而被人們看見。

在序章中我們已經提到，太陽系中常常使用**天文單位**作為距離的單位。地球以橢圓形軌道繞著太陽公轉。而太陽和地球之間的平均距離約為「1天文單位」。1天文單位大約等於1億5000萬km（準確數值為1億4959萬7870.7km）。

天文學也使用**光年**作為距離的單位。光年是以光在1年內行進的距離為單位，**1光年大約等於9兆5000億km**。換算成天文單位，大約為6萬3000天文單位。光年在太陽系內幾乎用不太到，主要是用於表示恆星之間或星系之間的距離。

在太陽系的行星中，位於最外側軌道的行星是海王星。太陽和海王星之間的平均距離約為30天文單位，大約45億km（圖1-01）。

圖1-01　何謂天文單位

◉ 依組成成分分類行星

太陽系的行星按照距離太陽的近遠順序排列，分別是水星、金星、地球、火星、木星、土星、天王星和海王星，共有8顆星體（圖1-02）。在比海王星更外側的軌道運行的**冥王星**，曾經被認為是太陽系的第9顆行星。然而，它在2006年遭到「降級」，現在被歸類為**矮行星**一類。

圖1-02　太陽與太陽系行星們（以地球為1時的大小對比）

來源：NASA／Lunar and Planetary Institute

根據組成分類，距離太陽較近的水星、金星、地球和火星，這4顆都屬於**岩石行星**（或**類地行星**）。它們的直徑相對較小，是每1 cm^3的平均質量為5g（平均密度為5.0）以上的高密度天體。這是因為這些行星由金屬和岩石等重物質組成。岩石行星的表面擁有堅固的地殼。

另一方面，木星和土星被歸類為**氣態巨行星**（或**類木行星**）。木星直徑約為地球的11倍，土星約9倍，而質量分別是地球質量的約320倍和約95倍，是非常巨大的行星。然而它們的平均密度很低，木星約為1.3，而土星約為0.7，甚至比水（1.0）還要輕。

這是因為氣態巨行星的主要成分是氫和氦等非常輕的氣體，行星表面沒有堅固的地殼。這些行星的核心由岩石、水、氨和甲烷等混合而成的冰組成，擁有質量約為地球10倍的**地核**。

天王星和海王星被稱為**冰巨行星**（或**類海行星**）。一如其名，它們是主要由水、甲烷和氨的冰塊組成的行星。它們的大小約為地球的4倍；質量方面，天王星約為地球的15倍，海王星約為地球的17倍。它們的核心由岩石和鐵組成，周圍被厚厚的冰層覆蓋，最外層覆有由氫、氦和甲烷組成的大氣層。

◉ 衛星、小行星、隕石

接著，我們再來說明比行星更小的太陽系小天體。

衛星是圍繞行星運轉的小天體。**月球**是地球的衛星。水星和金星沒有衛星，但火星有2顆，木星有72顆，土星有66顆，天王星有27顆，海王星有14顆衛星（這些數字是確定的數量，而木星和土星除了上述之外還有一些未確定的候選天體）。

在火星和木星的軌道之間，特別是距離太陽約2～3.5天文單位的地方，存在著由數百萬顆**小行星**組成的**小行星帶**（圖1-03）。小行星的直徑最大不超過1000㎞，大多數都是直徑10㎞以下的小天體。

提到小行星，就不得不聯想到日本的**小行星探測器「隼鳥號」**和**「隼鳥2號」**。它們分別訪問了小行星**絲川**和**龍宮**，並將小行星上的沙土（樣本）帶回地球。這2顆小行星都屬於靠近地球軌道的**近地小行星**（跟小行星帶的小行星屬於不同分類）。

科學家認為沒有成長為行星的小行星，保留了46億年前太陽系初期物

圖1-03　太陽系軌道圖

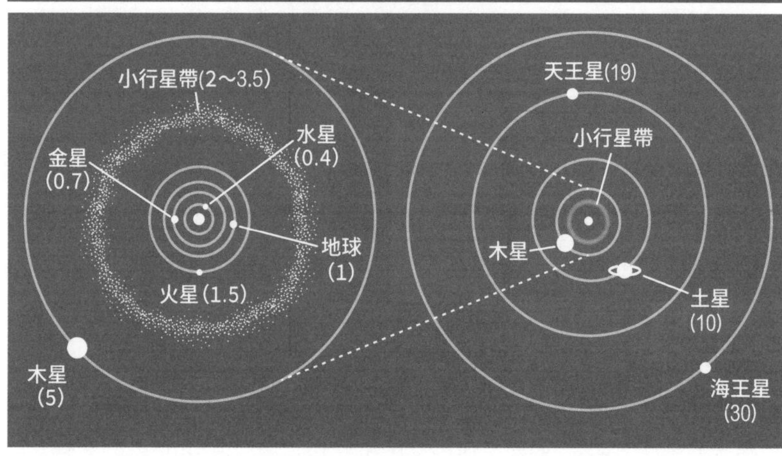

左側是水星到木星的軌道，右側是木星到海王星的軌道。括號內的數字是離太陽的粗略距離（天文單位）。

質的性質。這就是為什麼小行星被稱為「太陽系的化石」。因此，隼鳥號和隼鳥2號帶回的樣本，對於了解太陽系的演化，以及地球上水和生命原料的起源，提供了重要的線索。

2022年6月，研究團隊就已經先行宣布從隼鳥2號由龍宮小行星帶回來的石頭和沙子中，發現了許多氨基酸和大量的水。今後的分析預期將會有更多的發現。

在小行星中，有些會因軌道被擾亂而接近地球，最終被地球的引力捕獲而墜入地表。科學家認為在大約6600萬年前，一顆直徑約10㎞的小行星撞擊地球，最終導致了恐龍滅絕。另一方面，其他比體積遠比上述更小的小行星，則大多數會在大氣中燃燒殆盡，但有時仍會有沒被燃燒殆盡的岩石落在地表上。這就是**隕石**。

◉ 冥王星跟古柏帶天體

就如同前面所提過的，冥王星曾經被當成太陽系的第9顆行星。然而它其實是一顆大小（直徑約2400km）只有地球的衛星月球的一半，非常嬌小的天體。此外，太陽系其他行星的公轉軌道明明幾乎都在同一平面上，卻只有冥王星大幅偏離，存在著許多奇怪的特點。

隨著太陽系遠方的觀測有更多進展後，天文學家發現了許多與冥王星大小相似的天體。因此，冥王星在2006年被重新歸類到新設立的「矮行星」類。

科學家認為，在海王星的軌道外側廣達數百天文單位的範圍內，存在著無數像冥王星這樣的小天體，形成一片薄薄的圓盤狀（帶狀）結構。這些小天體主要由冰（水冰）組成，儘管其中也存在直徑超過2000km的個體，但大多沒有那麼大，而且愈小的天體數量愈多。這個區域通常被稱為**古柏帶**（或稱埃奇沃思－古柏帶，Edgeworth-Kuiper belt），而其中的天體被稱為**古柏帶天體**（圖1-04）。埃奇沃思－古柏帶這個名稱是依據預測了該區域及其天體之存在的愛爾蘭天文學家肯尼斯·埃奇沃思（Kenneth Edgeworth，

圖1-04　古柏帶

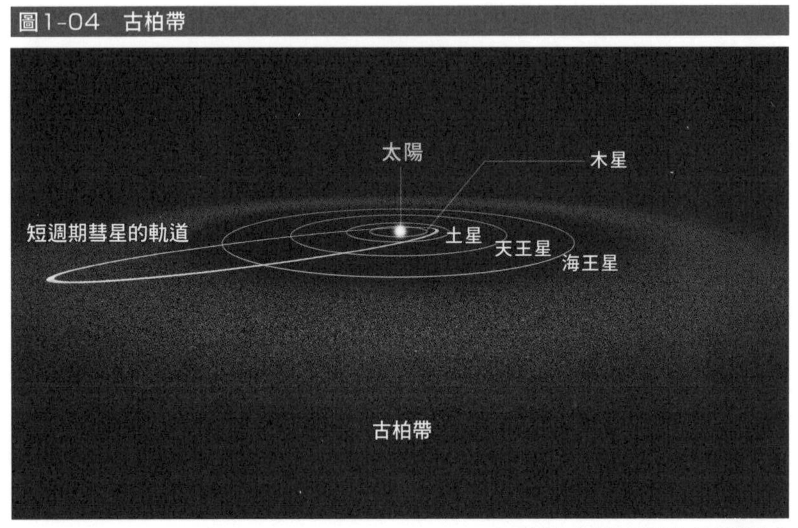

來源：日本國立天文台 天文情報中心

1880～1972）和荷蘭的天文學家傑拉德・古柏（Gerard Kuiper，1905～1973）兩人的名字命名。

一般認為，當古柏帶天體受某些原因改變軌道，便會變成週期性地靠近太陽的**彗星**（而且在彗星中屬於週期特別短的）。接近太陽後，彗星上的冰會融化，使其中的氣體和塵埃被吹走，形成長尾（離子尾）或扇形尾巴（塵埃尾）被天文學家觀測到。

◉ 位於太陽系邊緣的無數小天體

彗星分為週期約在200年以下的**短週期彗星**，週期超過200年的**長週期彗星**，以及接近太陽一次後就再也不回來的**非週期彗星**。

短週期彗星原本大多是古柏帶天體，其軌道平面幾乎與行星的軌道平面一致。而相對前者，後兩者的軌道與行星的軌道無關，這就表明它們的來源是另一種天體。

長週期彗星和非週期彗星被認為來自比古柏帶更遠的地方，是以球殼狀圍繞太陽系的無數天體之一。其範圍在距離太陽1萬天文單位到10萬天文單位之間，推測有超過1兆個小天體存在。

這片區域稱為**歐特雲**（Oort cloud），被認為是位於太陽系最邊際的小天體（圖1-05）。荷蘭的天文學家揚・歐特（Jan Oort，1900～1992）在1950年預測了歐特雲的存在。

科學家推測歐特雲天體的主成分也是冰。然而由於歐特雲天體太過暗淡，因此目前仍然無法觀測到。

圖1-05　歐特雲

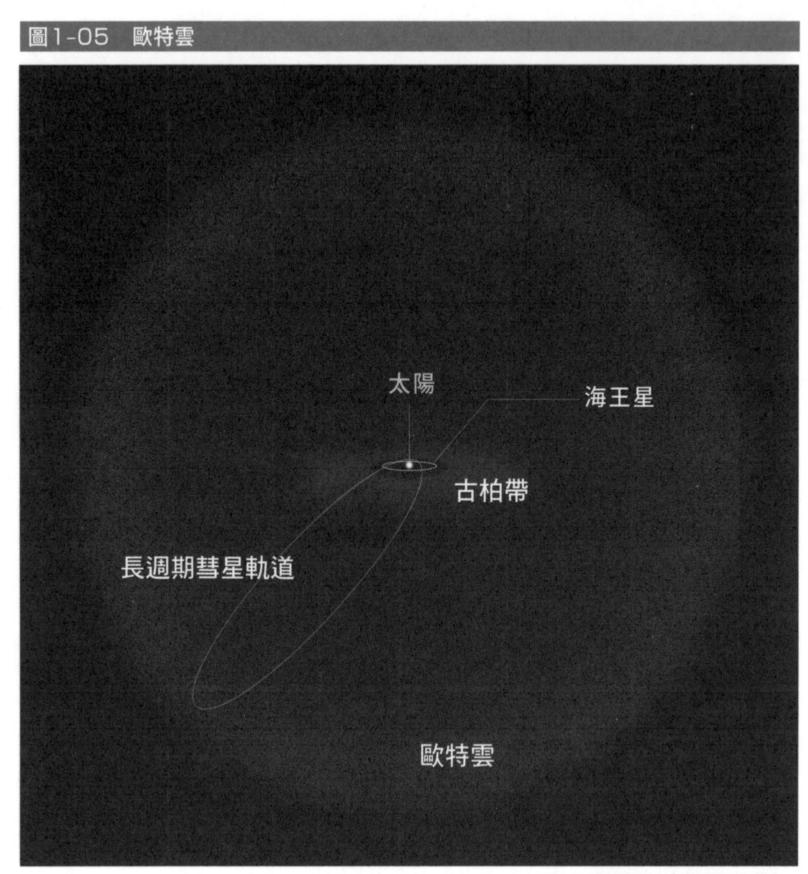

來源：日本國立天文台 天文情報中心

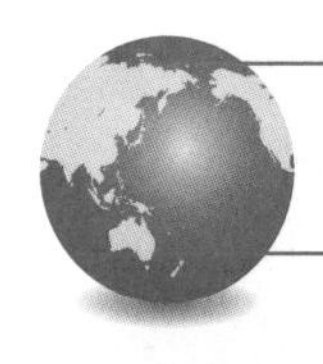

太陽系的誕生與行星形成之謎

◉ 星星誕生自宇宙中的氣體和塵埃

一般認為我們的太陽系是在大約46億年前誕生的。本節我們要來介紹現代科學所了解的太陽系誕生故事。

太陽系的天體，如太陽和行星，是由飄浮在宇宙中的氣體和塵埃（類似於灰塵的物質）組成的。宇宙空間並不是完全的真空，恆星與恆星之間的宇宙空間中，存在著非常稀薄的氣體（**星際氣體**）和灰塵（**星際塵埃**）。其中，某些區域的氣體和塵埃會比周圍的區域更密集，這些區域稱為**星際雲**。雖然稱之為雲，但它跟地球大氣層中的由水蒸氣形成的雲完全不同，主要由氫原子和氫分子組成。

在星際雲中，能透過可見光觀測到的稱為**星雲**。其中，包括受周圍恆星照射而發光可見的「瀰漫星雲」，以及反過來因遮蔽了後方恆星或散光星雲而有如黑塊的「暗星雲」等（圖1-06）。

星際雲中，密度約100倍濃的區域稱為**分子雲**，當中2個氫原子會結合形成氫分子。每1 cm^3的分子雲中約含有1000個氫分子。相比之下，我們周圍的空氣中每1 cm^3中約含有2500京個（1京＝10000兆）氮分子和氧分子。由此可見，分子雲的密度非常非常小。

另外，分子雲中除了氫分子外，還包含少量的一氧化碳、二氧化碳、水以及氨等分子。

分子雲中密度更高的部分稱為**分子雲核**。這些分子雲核將成為所有恆星和行星的「種子」。

圖1-06　位於獵戶座的知名暗星雲「馬頭星雲」

在背後的瀰漫星雲襯托下，分子雲看起來就像浮出的馬頭形狀而得名。

來源：ESO（歐洲南天天文台）

◉ 太陽的誕生

距今46億年前，由大量恆星集合而成的**銀河系**（現在我們所在的星系）中發生了一次**超新星爆發**。超新星爆發是質量極大的恆星在壽命終結時，於最後發生的大爆炸。受到這股衝擊波影響，附近分子雲中的分子雲核開始崩塌收縮。這就是太陽系的起點。

開始收縮的分子雲核，會不斷旋轉變成圓盤形狀。起初收縮得很緩慢，但愈是收縮重力就變得愈強，使收縮速度急速加快，同時溫度也逐漸上升。

然後過了大約10萬年，位於中心約1000℃左右的高溫、高壓氣體團塊，開始吸引周圍的氣體和塵埃形成薄薄的圓盤（星周盤）。其中心區域叫**原始太陽**，相當於太陽的幼兒階段（不只是太陽，一般的恆星也會經歷此階段，稱為**原恆星**）。原恆星會朝星周盤的垂直方向猛烈噴出高溫氣體，稱為**噴流**（圖1-07）。

圖1-07　分子雲內部誕生的原恆星想像圖

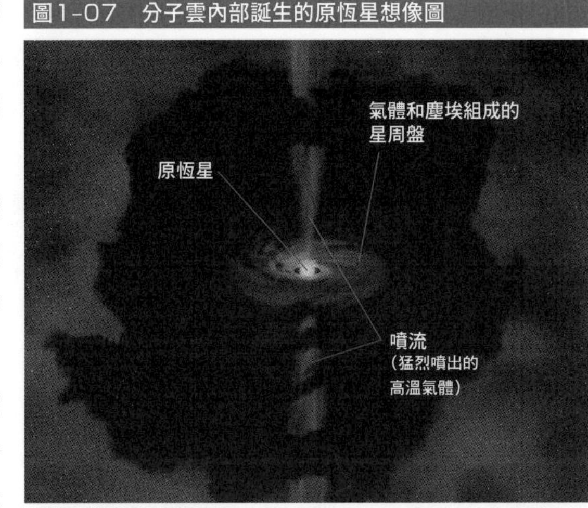

分子雲會遮著原恆星的光，但原恆星的光會加熱周圍的分子雲，放出紅外線，故只要觀測紅外線即可窺見內部的情況。

來源：NASA／JPL-Caltech

人類的幼兒比成人嬌小，但原始太陽卻相反，體積反而比現在的太陽大得多，直徑約有1天文單位。另一方面，現在的太陽表面溫度約6000℃，核心區域約1600萬℃，而原始太陽的溫度則遠遠低得多。但原始太陽的亮度是現在太陽的10倍，會放出強烈的紅光（紅外線）。

順帶一提，筆者（田村）便是在1991年時，第1個用當時天文學界剛開始使用的紅外線攝影機拍到眾多原恆星的人。研究所畢業後，筆者前往美國國家光學天文台工作。當時這裡剛開始引進在全球也屈指可數的紅外線攝影機，正值紅外線天文學發生革命的瞬間。換言之，當時天文學界正好進入用肉眼看不見的紅外線拍攝天體的時代。在此之前天文學家只能在天空上觀測一個一個的光點，但現在卻能一次取得整片二次元的資料，並將資料轉為視覺化的圖片，令筆者大為震驚。不只如此，攝影機的感光度和解析度也都有所提升，能夠拍到更清晰銳利的照片。

在原恆星中，也有一些無法看見恆星發出的光，只拍到模糊的噴流和星雲狀物體的天體，筆者在花了數晚重新拍攝無數次後，才終於確信自己的觀測沒有錯誤。這是以前單傳感器的檢測器完全不可能辦到，在當時非常困難的觀測。這個結果很快被美國的天文專業期刊《Astrophysical Journal》接受，成為最早公開的原恆星紅外線圖像庫（圖1-08）。大約20年後，筆者還成功地展示了世界上第1個「原行星盤」的紅外線圖像庫（有關原行星盤的內容請參見下一節）。

圖1-08　由筆者拍攝，世界最早的金牛座暗星雲中的原恆星紅外線圖像

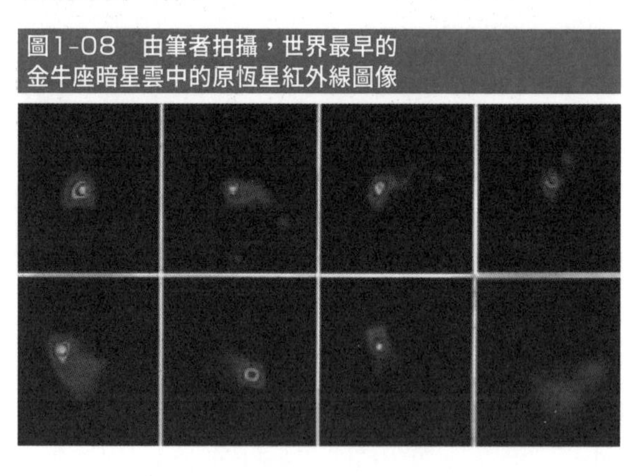

原始太陽在進一步收縮的同時，溫度和密度也在上升。這個過程非常複雜，它會變得非常明亮，或者反倒暫時變暗，但在本書中我們不詳細解釋此過程。大約經過1億年左右，當中心部分的溫度達到約1500萬℃時，就會發生**核融合反應**。4個氫（準確地說是氫原子核）會融合在一起，最終形成1個氦原子核，同時釋放出巨大的能量。就這樣，太陽成為一顆成熟的恆星（也稱為**主序星**），開始發出光芒。

◉ 岩石行星的誕生

接著，我們再來看看太陽系行星的誕生過程。剛才提到，幼兒階段的太陽——原始太陽周圍會形成由氣體和塵埃組成的薄星周盤。在這個時期，原始太陽和星周盤仍被周圍濃密的氣體所包圍。

原始太陽開始發光大約100萬年後，周圍的氣體消失，開始出現繞著原始太陽（準確來說是從原恆星成長而來的**金牛T星**階段的太陽）旋轉的盤狀結構。這個盤狀結構被稱為**太陽系原行星盤**，而行星就是從這個盤中誕生的

（在太陽以外的恆星周圍形成的盤狀結構，通常稱為**原行星盤**）。

由於太陽系原行星盤內的塵埃比氣體更重，因此會漸漸往星周盤中央面（赤道面）聚集，形成一個薄層。最終，這個塵埃層的重力會變得不穩定，於是碎裂形成許多1～10㎞大小的小天體。這種天體叫**微行星**，相當於行星的蛋。

微行星當中，在靠近太陽處形成的，會由於太陽的熱量而使得冰蒸發，因此主要成分是岩石和金屬。微行星在繞著太陽運行的同時，不斷發生碰撞和合併，變得愈來愈大，在大約100萬年的時間內形成了約100個質量約等於現今地球10分之1的天體。隨後，這些天體繼續發生碰撞和合併，最終成長為水星、金星、地球和火星等天體。由於這些天體是由岩石和金屬組成

圖1-09　太陽系各行星誕生的過程

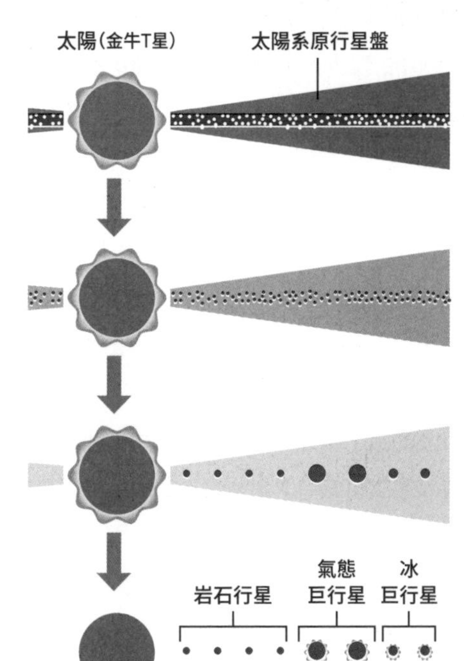

的微行星形成的，所以它們都是岩石行星（圖1-09）。

◉ 氣態巨行星與冰巨行星的誕生

另一方面，在距離太陽較遠的地方，則形成了除了岩石和金屬外，還含有大量冰的大型微行星，它們合體後形成的天體也變得更大。它們大約花費了1000萬年的時間，形成了許多質量比地球還要大數倍的天體。這些天體稱為**原行星**。當天體的質量達到這樣的程度時，強大的引力會吸引周圍的氣體，形成厚厚的大氣層。就這樣，質量約為地球的320倍的氣態巨行星——木星誕生了。

另一方面，雖然土星的形成比木星晚，但當時太陽系原行星盤中的氣體大多已經散失。因此，土星無法吸收太多的氣體，只成長到大約地球質量的95倍便停止。而當天王星和海王星形成時，由於太陽系幾乎已經沒有氣體存在，所以這兩者變成了不含氣體的冰巨行星。

順帶一提，在現今的火星和木星軌道之間，以前曾存在大量的微行星。然而由於巨大的木星出現，微行星的運行速度在木星引力影響下愈來愈快，即使發生撞擊也無法合體，反而會碎裂，最終變成了小行星。

◉ 行星形成理論必須進行大幅修改？

這個太陽系行星的誕生故事，是以**京都模型**（或稱為林模型）為基礎。這個模型是由日本天文學家暨物理學家**林忠四郎**教授（京都大學名譽教授，1920～2010）建立，並因此得名。

以林教授為中心的京都大學研究團隊，在1970年代到80年代構建了京都模型的基本架構。儘管林教授本人認為此理論在細節部分尚有一些不足之處，但京都模型仍然可以很好地解釋太陽系行星的特徵。

由於當時天文學只在太陽系中發現了行星，因此大多數研究人員認為，儘管模型需要進行一些修改，但在大框架上把京都模型當成行星形成的標準理論並沒有沒問題。

然而，在1990年代後半以後，愈來愈多的系外行星，也就是太陽系之外的行星被發現，情況也發生了改變。在這些系外行星中，存在很多用基於京都模型的傳統行星形成理論無法解釋的行星。儘管這使得理論必須進行大幅修改，但這對天文學家反而是件令人高興的事情。因為他們終於有機會自己建立一個適用於所有系外行星、普遍的行星形成理論，並「改寫教科書」。超越傳統理論，發現新的真理，正是科學家最大的喜悅和樂趣。

要建立新的理論，重要的是在行星誕生的現場捕捉到正在形成中的行星。過去，要識別原行星盤中隱藏的行星相當困難。然而進入2010年代後，這件事變為可能。這得益於日本的**昴星團望遠鏡**，和包括日本在內的國際合作項目建造的**ALMA望遠鏡**等成果。這方面的詳細內容將在第4章介紹。

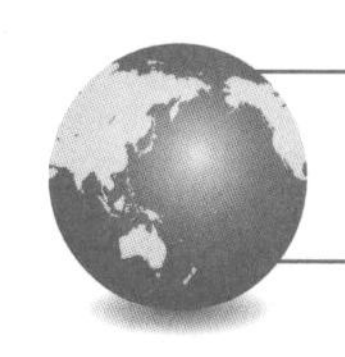

什麼是太陽系適居帶？

◉「生命能居住的區域」在哪裡？

適居帶（Habitable zone）是天文生物學中一個重要的關鍵詞。它指的是在恆星周圍，生命可以生存（居住）的範圍。更具體地說，它指的是「**水可以以液態存在的地方**」。

科學家認為行星孕育生命的條件之一，便是「存在液態水」。水的特性之一，即為它是一種非常優秀的溶劑。

液態水可以溶解許多其他液體無法溶解的物質，因此很適合作為分子和離子化學反應的舞台。地球上的生物體約有七成是由水構成，氧氣、二氧化碳、營養素、代謝物和電解質等都是藉由溶於水中，而在生物體內循環，或是排出體外。

在地球上，以廣大的海洋為代表，存在著大量的液態水。然而這個事實，如果從整個宇宙的角度來看，或許可以稱得上是奇跡的存在。這是因為宇宙空間雖然存在著不少的水（H_2O），但能讓水以液態形式存在的範圍卻非常有限。

假如地球的位置比現在更靠近太陽幾%，地球將接收到更多來自太陽的

圖1-10　太陽系的適居帶（不同研究者算出的範圍稍有出入）

水會蒸發的區域
適居帶
水會結凍的區域
太陽
水星
金星
地球
火星

熱量，最終導致海洋蒸發。相反地，如果地球比現在更遠離太陽，海洋則會凍結。正因為目前地球的位置，與太陽的距離恰到好處，所以地球上的水才能夠以液態形式存在。

一般認為，**太陽系的適居帶**大約是距離太陽0.97天文單位到1.39天文單位的範圍。這大約是從地球軌道的內側（靠太陽側）到火星軌道的內側（圖1-10）。

然而，不同研究者算出的數值各有不同，也有些研究者認為火星軌道也在適居帶內。

◉ 火星表面無法存在液態水的原因

一如前述，適居帶的範圍是由與太陽（或恆星）之間的距離，更準確地說是由太陽（或恆星）發出的光（輻射）強度所決定的。不過，即使在適居帶內，也不代表行星一定擁有液態水。

例如，通過探測器和探測車的調查，我們得知火星曾經擁有海洋。然而，現在的火星表面上卻找不到液態水。

這是因為火星是顆小行星，幾乎沒有大氣層。火星的質量只有地球的9分之1，由於重力太小，無法維持住大氣層，大氣壓只有地球的1000分之6。另一方面，當氣壓愈低，水就愈容易在低溫下蒸發成為氣體（準確地說，由於火星的大氣壓非常低，固態冰在加熱時不會變成液態，而是直接「昇華」成水蒸氣。這與乾冰昇華成二氧化碳是一樣的情況）。因此太古時期曾存在於火星的海洋也蒸發殆盡了。

與上述相同的情況，也一樣會發生在身為地球衛星的月球上。由於月球到太陽的距離幾乎跟地球與太陽的距離相同，所以月球的位置也位於適居帶內。然而，月球的質量只有地球的大約80分之1，且幾乎沒有大氣層。雖然我們已經知道月球上有冰（固態水）的存在，但由於月球沒有大氣層，所以無法存在液態的水。

此外，大氣的組成也會造成影響。在比地球更內側的軌道上運行的金星，是大小和質量幾乎與地球相同的行星，其重力足以抓住足夠的大氣。然而，金星距離太陽太近，再加上金星的厚厚大氣層主要是由二氧化碳所組成的，故會產生溫室效應，使其表面溫度高達460℃。在這樣的環境下，水自然也全部蒸發殆盡。

由此可見，一顆行星是否能擁有液態水，取決於行星與太陽（恆星）之間的距離（輻射強度）、行星大小、大氣組成等等各種複雜交織的因素。因此，要確定一顆行星是否真的「適居」，亦即它的環境中是否存在液態水，絕非一件簡單的事。

◉ 氣態巨行星周圍的適居帶

話說回來，木星和土星兩者皆為距離太陽系適居帶外側十分遙遠的行星。然而在序章，我們也說過在繞行木星和土星運行的衛星當中，有些衛星在表面冰層下也擁有「內部海」，也就是液態水。為什麼它們可以擁有液態水呢？

科學家認為，這是因為木星和土星產生的巨大**潮汐力**會搖動衛星，而這股能量把冰融化成了液體。

所謂的潮汐力，就像是地球受到月球重力（引力）作用時，由於靠近月球的一側所受的引力較強，而遠離月球的一側所受的引力較弱，因而使得地球發生變形的力。由於潮汐力也會引起地球的潮汐（海水）漲落，所以被稱為潮汐力。

在最接近木星的軌道上繞行的第1號衛星（木衛一）的名稱為**埃歐**（Io），是比地球的衛星月球稍微大一些的天體，已知其上有超過400座火山。至今已有多架無人探測器（伽利略號、新視野號）對木衛一進行過近距離觀測，確認到它的地形至今仍在活躍的火山活動作用下不斷變化（圖1-11）。

地球上的火山，本質是因為地殼活動（地球表面的地殼變形和移動，導致土地隆起和沉降）而噴出地表的岩漿。然而木衛一沒有地殼活動。木衛一內

圖1-11　木衛一埃歐的表面

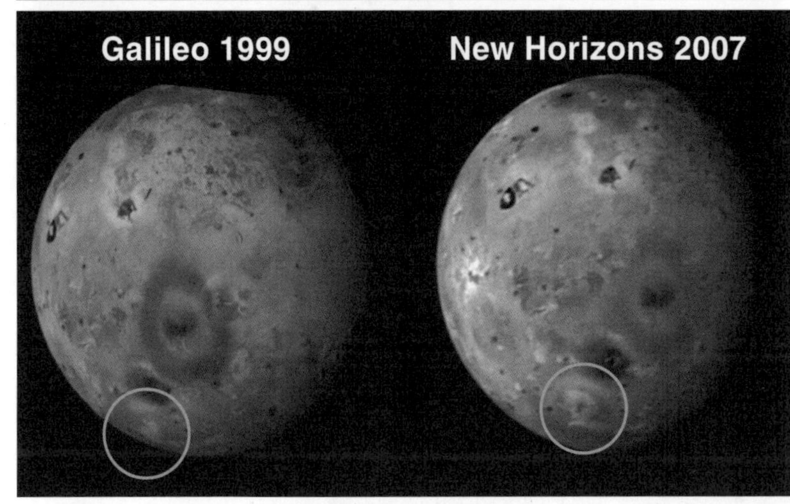

「伽利略號」和「新視野號」探測器在1999年和2007拍攝到的木衛一表面情況。其地形的變化（白圈部分）被認為是木衛一上的火山活動所致。
來源：NASA／Johns Hopkins University Applied Physics Laboratory／Southwest Research

部的主要熱源，一般認為是木星的巨大潮汐力使其大幅扭曲而產生的熱。木星有70多顆衛星，而木衛一位於最內側的軌道，因此在巨大的潮汐力作用下形成了許多火山。

木衛一上幾乎沒有水，但比月球稍微小一些的木衛二**歐羅巴**（Europa）的表面卻覆蓋著冰層。天文學家在木衛二的冰層上觀察到無數裂縫，推測這些裂縫是冰層被木星的潮汐力搖動而破裂形成（圖1-12）。此外，科學家確信在冰層下面，存在著由冰層被地熱融化而形成的廣大海洋（內部海）。

除此之外，已知木衛三**蓋尼米德**（Ganymede）和土星的小衛星——土衛二**恩克拉多斯**（Enceladus）也擁有內部海。關於這2顆衛星的詳細內容，以及冰衛星（ice moon）的探測計劃，我們將在後面第2章介紹。

圖1-12　木衛二歐羅巴的表面

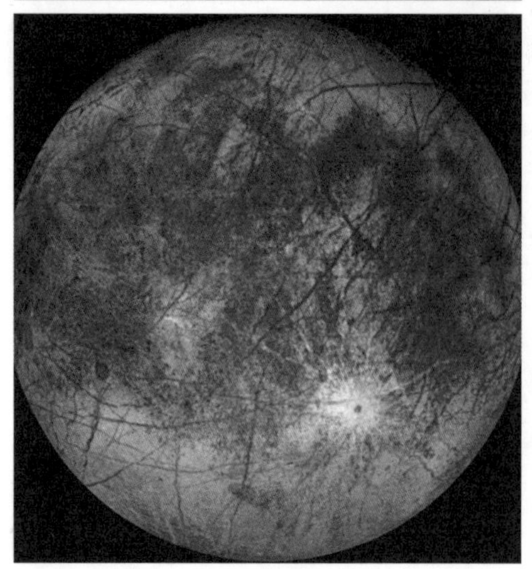

由伽利略探測器拍攝。被冰層覆蓋的白色地表上可觀察到無數裂縫。

來源：NASA／JPL／DLR

生命到底是什麼？

◉ 生物的4個「特徵」

這裡我想帶大家重新思考一下「生物是什麼」。話雖如此，在全球的研究者之間，對於生命或生物的定義並沒有一致的見解。更有些研究者主張「生命無法被定義」。這裡，我們將介紹被相對多數研究者接受的生物定義，或者說生命的特徵。即以下4點：

（1）具有與外界的界線

（2）會進行代謝

（3）會自我複製

（4）會演化

另外，有些情況下會將（4）排除在外，只用（1）～（3）這3點當成生物的定義或特徵。

下面就讓我們從（1）到（4）逐一詳細看看吧。

◉ 擁有細胞膜和表皮等界線

地球上的所有生物都由**細胞**組成。包含有只由1個細胞組成的單細胞生物，也有由多個細胞組成的多細胞生物，但它們都同樣具有細胞。細胞最外層有稱為**細胞膜**的隔板，對於單細胞生物來說，這就是「自我」和「外界」之間的疆界。而對於多細胞生物來說，則是透過**表皮**（如皮膚等）形成與外界的界線。

生物之所以具有與外界的界線，主要的理由是為了進行（2）的代謝和（3）的複製。代謝和複製是化學反應，而透過細胞膜等隔板，可以增加細胞內反應物質的濃度，有效地推進反應。

另外，屬於微生物的細菌也是一種單細胞生物，具有細胞；然而，**病毒**

圖1-13　細菌和病毒的結構差異

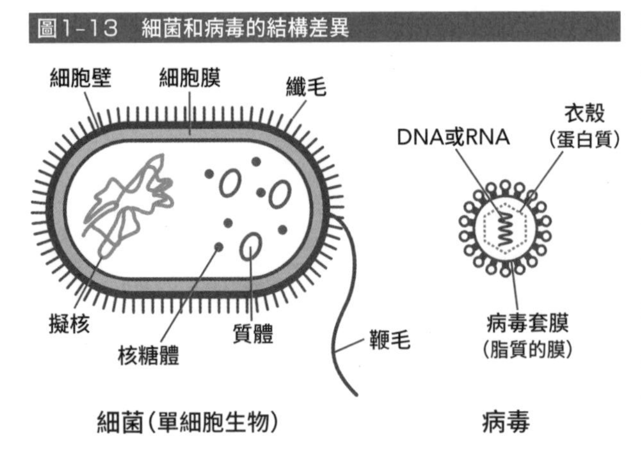

雖然也被歸類為微生物，但它們不具有細胞（圖1-13）。病毒只是一團包裹在由蛋白質組成的外殼（衣殼）中的遺傳物質DNA或RNA，結構非常簡單（有些病毒在衣殼外還有一層俗稱病毒套膜的脂質膜）。

如上所述，病毒不具有細胞，且沒有細胞膜能與外界分隔，這點與單細胞和多細胞生物有很大的不同。

此外，不具細胞的病毒也無法憑一己之力製作自己的複製體，也就是無法自我複製。因此它們會侵入其他生物的細胞內，並利用這些細胞來製造自己的複製體。基於這些特點，病毒通常不會被當成生物，而被視為一種類似分子機器的存在。

◉ 可用化學反應合成、分解物質

所有生物都是通過細胞膜從外界吸收能量和簡單物質，並利用它們來製造複雜物質。藉此維持和增加細胞所需的成分，最終用於細胞增殖。這種化學反應被稱為**同化**。同化的代表例子是「光合作用」。光合作用能夠利用光能，從二氧化碳和水這樣簡單的物質製造出複雜的碳水化合物。

此外，細胞還會分解複雜物質以提取能量，並通過細胞膜將分解出來的簡單物質釋放到外界。這個作用叫**異化**。異化的代表例子是「呼吸作用」。此作用使用氧氣分解葡萄糖以提取能量，並將分解產物的二氧化碳和水透過呼吸釋放到外界。我們運動時呼吸之所以會變激烈，就是為了靠呼吸產生運動所需的大量能量。

通過同化和異化的循環，生物會不斷更新細胞和物質，以維持生命（圖1-14）。生物體內的同化（又稱為合成代謝）和異化（又稱為分解代謝）等化學反應統稱為**代謝**。而能夠進行代謝就是生物的重要特徵。

圖1-14　代謝：同化和異化

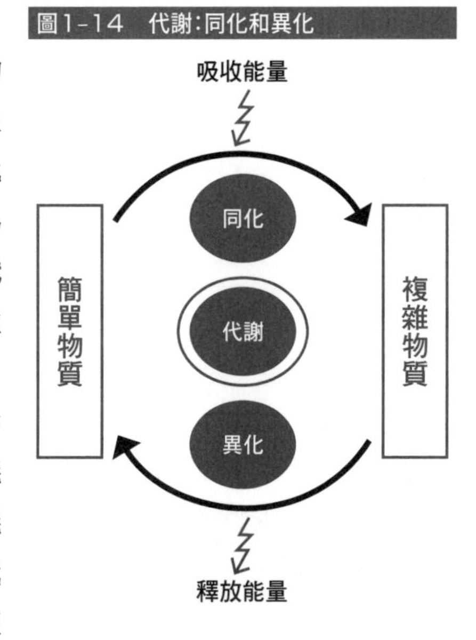

順帶一提，我們在日常對話中所說「代謝」一詞，通常是指消耗攝取的能量，或者是指能量的消耗效率。然而，生物學中所說的「代謝」，則是生物體內發生的化學反應的總稱。雖然用詞相同，但含義並不同。

◉ 會自我複製或繁衍後代

生物通過**細胞分裂**來增加細胞數量。單細胞生物通過細胞分裂，將原始細胞（母細胞）分裂成2個細胞（子細胞），從而增加個體數量。在這種複製中，子細胞的特徵會跟母細胞完全相同。

多細胞生物則有很多不同的方法來進行自我複製，並留下後代。大多數的多細胞生物通過雄性和雌性兩性參與的**有性生殖**進行繁殖。動物的精子和卵子，植物的精細胞和卵細胞等，會受精形成受精卵，不斷重複進行細胞分裂，最終誕生出新的個體。相對於此，平時行有性生殖的生物，僅通過單一性別繁殖後代的行為則稱為**單性生殖**。比如蚜蟲等昆蟲的單性生殖便是著名的案例，不過魚類和爬行動物中也有能夠進行單性生殖的物種。

此外，植物中有些物種不只能通過種子，還可以通過身體的一部分獨立成長成與親代相同的形態。比如馬鈴薯會把營養儲存在根部，並從根部結出果實來增殖。許多植物也可以通過扦插繁殖。

雖然生物繁衍後代的方式各不相同，但無論如何，親代的特徵（某生物擁有的形態和性質等特徵）都會遺傳給子代。親代的特徵在後代上顯現的現象稱為**遺傳**。生物在自我複製時，會使用 DNA 這種遺傳物質將自己的信息傳遞給後代。

◉ 達爾文式演化

19世紀後半，英國的博物學家**查爾斯・達爾文**（Charles Darwin，1809～1882，圖1-15）主張，生物會為了適應環境而產生競爭，繼而發生淘汰（選擇），最終適應環境的個體將會生存下來，發生**演化**。

圖1-15　查爾斯・達爾文

雖然在達爾文之前已經有人提出生物進化論，但當時的主流觀點認為生物的進化具有「目的」。例如，現代俗稱「用進廢退說」的進化論認為，生物常用的器官會逐漸發展，反過來說，不常使用的器官則會退化，且這種變化會傳遞給後代。比如該理論的主張：長頸鹿的頸部變長，是因為長頸鹿的祖先努力伸長頸部以吃到高處的葉子。

相反地，達爾文認為生物的演化並不具有目的或方向性，僅僅是偶然的結果。他主張長頸鹿之所以有長脖子，純粹只是很久以前偶然出現一頭脖子很長的長頸鹿，而長脖子恰好對生存有利，所以才存活到今日。這種進化被稱為**達爾文式進化**。

正如先前所述，當生物進行自我複製並留下後代時，遺傳物質 DNA 會被複製並傳承下去。DNA 的複製機制非常巧妙，原有的遺傳信息會非常準確地被複製並傳遞給後代。

然而，在 DNA 的準確複製中，也有微乎其微的機率會發生複製錯誤。

這就是**突變**。如果遺傳信息的突變導致細胞功能的發生變化，並且剛好對生存有利，那麼這種變化就會在漫長的時間中逐漸取代原有的遺傳信息。相反地，如果此變化對生存不利，那麼這種變化將在時間長河中遭到淘汰並消失。生物就這樣不斷進行達爾文式進化。不過，演化不一定是功能的增加，將不需要的功能退化掉，也是演化的一種形式。

總之，上述的生物4個定義（特徵），可以說大致適用於地球上的所有生命。然而，我們只見過地球上的生物。如果將來能在其他行星上發現生物並解明其特徵，相信我們將能建立一個更普遍、不僅限於地球生命的生物定義。因此，隨著天文生物學研究的進展，生命的定義將不斷更新。

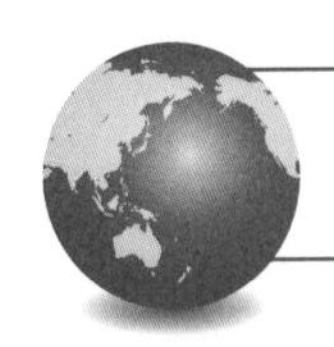

有關生命起源的研究歷史

◉ 生命來自非生物？

正如在序章所述，天文生物學是一門探索**生命起源**和演化之謎的學問。本節，我們將繼續介紹有關生命起源的研究歷史。

在西方，古希臘哲學家**亞里斯多德**（Aristotle，前384～前322）提出的**自然發生說**曾經被信奉了近2000年之久。該觀點認為，某些生物不需要經過生殖行為就可以自然產生。

例如，亞里斯多德在他的著作《動物志》中就寫道，蜜蜂等昆蟲是從草的露水中誕生，而鰻魚和章魚等則是從海底泥土中誕生。由於亞里斯多德的著作後來獲得了基督教教會的認可，因此就像他主張的地心說一樣，在西方長期被信奉。

在西方以外的文明中，生命（生物）從非生命（非生物）中誕生的觀念同樣很普遍。如果生命可以從非生命中誕生，那麼就根本不需要探討「生命的起源」或「最初的生命」這種問題。

圖1-16　弗朗切斯科·雷迪

第1個對於這種觀念提出質疑的人，是17世紀的義大利醫生**弗朗切斯科·雷迪**（Francesco Redi，1626～1697，圖1-16）。他在2個瓶子中放入肉塊，用布條堵住其中一個瓶子的瓶口，另一個則維持開放。一段時間後，沒有堵住的瓶子裡的肉腐爛了，孵化出蒼蠅的蛆蟲；但是被堵住的瓶子中的肉，即使腐爛了也沒有生蛆。

當時信仰的自然發生說主張，腐爛的肉會自然產生蛆蟲。但雷迪證明了腐肉生蛆是因為有蒼蠅跑進瓶子，而不是從非生物的腐肉中自然產生了蒼蠅這種生物。

◉ 自然發生說的否定與演化論的登場

進入19世紀後，幾乎不再有人相信肉眼可見的大型生物是通過自然發生產生的。但另一方面，對於在顯微鏡下能夠觀察到的微生物界，卻依然有人堅持自然發生說。最終完全推翻了這一理論的人，是法國的生物化學家**路易・巴斯德**（Louis Pasteur，1822～1895，圖1-17）。

圖1-17　路易・巴斯德

他將裝有肉汁的燒瓶口用火焰加熱，將其拉成像天鵝脖子一樣的細長形狀。這個燒瓶可以讓外界的空氣進出，但空氣中附著微生物的塵埃會沉澱在頸底，無法進入瓶子內部。由於當時有觀點認為「自然發生需要空氣」，因此他才設計了這樣一個只允許空氣進出的形狀。然後，他將燒瓶內的肉汁煮沸殺菌。結果發現即使在這個狀態下放置數個月，肉汁也沒有腐敗，並未產生任何微生物。

這個著名的**鵝頸瓶實驗**於1860年發表，為自然發生說的爭論畫下休止符（圖1-18）。

圖1-18　鵝頸瓶實驗

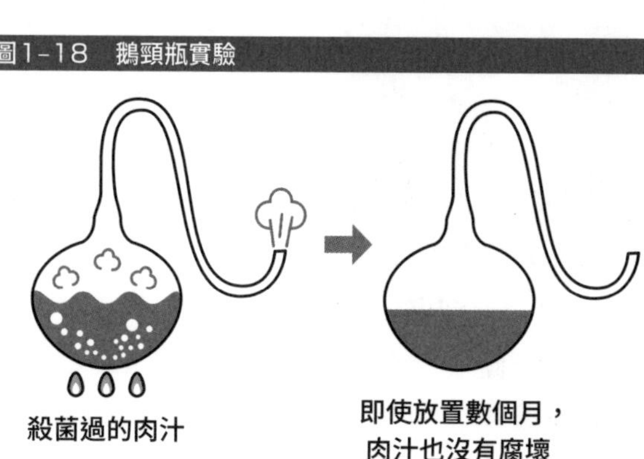

在此之前的1859年，達爾文發表了著作《**物種起源**》，主張生物的演化是通過淘汰（天擇）發生的。根據進化論，現有的所有生物種類都

是從其他生物種類演化而來。那麼，如果順著演化史往前追溯，追溯到第1個物種、第1個生物的話，那個最初的生物又是如何誕生的呢？如果生命不是從非生物中自然產生的，那麼最初的生命是如何產生的呢？對於這個問題，達爾文也沒有給出答案。於是，「生命的起源」這難題就這樣出現在人類面前。

◉ 只有最早的生物是自然發生的？

進入20世紀後，對於生命的起源這個難題，科學界提出了1個假說。那就是「地球上最初的生命，是由存在於原始地球上的生命原料形成的」。此理論稱為**化學演化說**。

此學說的論點為「只有最初的生命是自然發生的，也就是從非生物中產生的」。

圖1-19　亞歷山大・奧巴林

最早提出化學演化說的人，是俄羅斯的生物化學家**亞歷山大・奧巴林**（Alexander Oparin，1894～1980，圖1-19）。1924年，他出版了一本名為《生命起源》的書。在書中，他主張原始地球大氣中的甲烷和氨發生了化學反應，產生了氨基酸和鹼基等**有機物**。

有機物（有機化合物）是指擁有碳元素骨架的化合物。氨基酸是製造生物體或調節身體功能的蛋白質材料，鹼基則是傳遞遺傳信息的DNA或RNA的材料。當時，有機物被認為是只有生物才能製造的物質。

不過奧巴林主張，有機物也可以在沒有生物幫助的情況下自然合成。而有在含有有機物的原始海洋中，有機物通過化學反應變成複雜的分子、發生組織化，最終成為生物。

◉ 米勒和尤里的衝擊性實驗

接著在1953年，一位美國研究生進行的實驗震驚了全世界。芝加哥大學的研究生**史丹利・米勒**（Stanley Miller，1930 ～ 2007）設計了一套右圖的實驗裝置（圖1-20）。

圖1-20　米勒-尤里實驗

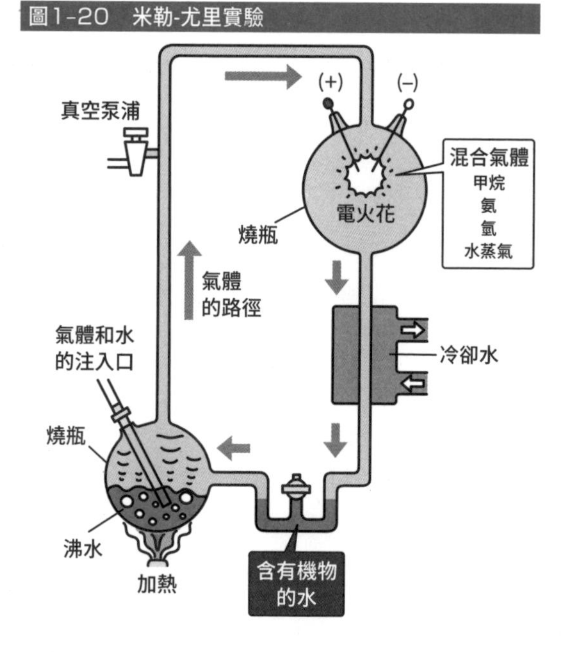

他將2個燒瓶通過玻璃管連成環狀，在內部裝滿甲烷、氨和氫的混合氣體。接著，在下面的燒瓶中加水並加熱，含有水蒸氣的混合氣體便會上升到上面的燒瓶。然後，在電極之間施加電壓，產生火花。經過幾天的反覆放電，裝置下面的水中竟出現了有機物質（氨基酸）。在後續的實驗中，他還成功地合成出鹼基。

米勒的導師是當時已經獲得諾貝爾獎的美國化學家**哈羅德・尤里**（Harold Urey，1893～1981）。尤里認為原始地球的大氣成分是甲烷、氨、氫和水蒸氣，因此米勒實驗中所用的混合氣體也是這些成分。而火花則模擬了原始地球上經常發生的雷電。從非生物的氣體中竟能輕易地合成屬於生物材料的氨基酸和鹼基，這件事令全世界的研究人員大受震撼。這個實驗被稱為**米勒－尤里實驗**。

然而，現在科學家認為原始地球的大氣主要成分不是甲烷和氨，而是氮和二氧化碳。在這種情況下，如果要引發化學演化將需要遠遠高於雷電的能量。因此，現在認為米勒 - 尤里實驗並不能證明化學進化說的正確性。然而在揭示人類可以通過實驗解開生命起源之謎這點上，他們的成就依然是無法估量的。在兩人的實驗後，圍繞著生命起源的研究便開始迅速發展，直到今日。

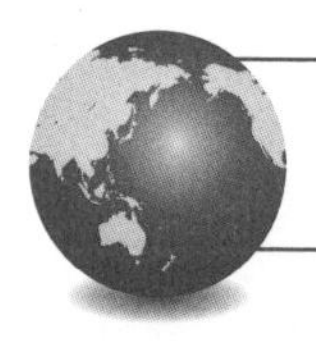

地球最早的生命是何時、何地誕生的？

◉ 不斷被天體轟炸的原始地球

為了探索地球生命的起源，一開始先讓我們來回顧一下地球誕生後不久的歷史。

在解釋太陽系行星的形成時，我們提到在太陽周圍形成的太陽系原行星盤中，原始行星相互碰撞和合併，最終形成了地球這樣的行星。科學家認為，這個**原始地球**是經歷了無數次微行星和其他原始行星的碰撞，才逐漸成長到現在的大小。

當微行星和原始行星撞擊原始地球時會產生大量熱量，使地球的岩石熔化成岩漿。這種過程重複發生的結果，使得地球的表面被**岩漿海**所覆蓋。在岩漿中，比重較大的鐵和鎳會下沉，較輕的岩石會上浮。

現在的地球內部結構的中心是一個金屬核（地核），而周圍包覆著岩石地幔。這意味著過去的地球曾經是熔融的狀態。在這樣的環境下，生命很難誕生和存活。

原始地球在與微行星和原始行星的碰撞和合併中不斷成長，最後發生了一個重大事件。一顆大小約與現在的火星相當（地球的一半大小），超巨大的原始行星撞擊了地球。這個事件俗稱**大碰撞**（Giant Impact）（圖1-21）。這次衝擊讓地球由外到內都被加熱，形成了直達中心附近的岩漿海。同時，超巨大原始行星和原始地球的碎片散落到宇宙空間中，變成一個盤狀結構包圍了原始地球。

後來這些碎片因重力而聚集，大約耗費1個月的時間形成了地球的衛星——月球。剛形成的月球與地球只相距約2萬5000km，但隨後逐漸遠離地球，如今位在距離地球約38萬km的遠方。

圖1-21　大碰撞的想像圖

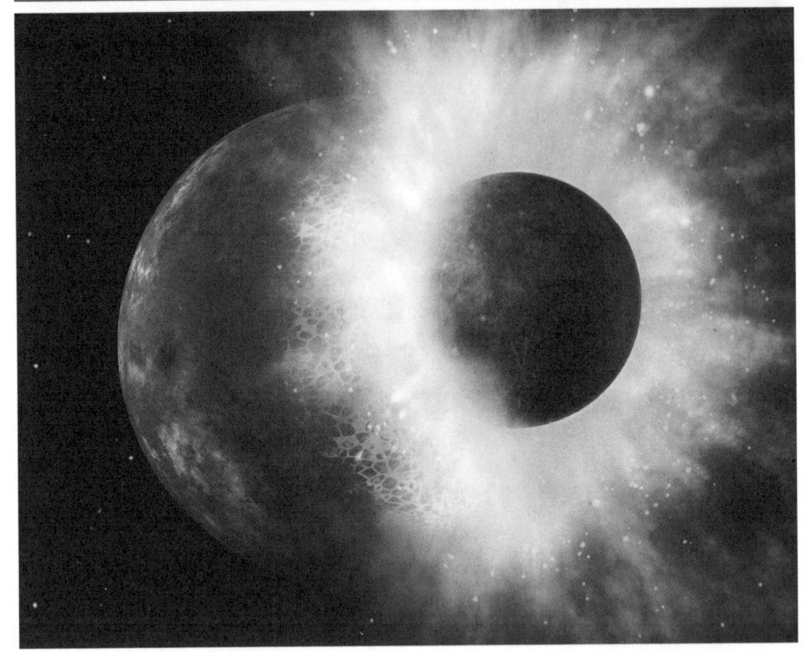

來源：NASA／JPL-Caltech

◉ 地球海洋的誕生

大碰撞雖然使原始地球變成了岩漿塊，但後來又慢慢冷卻，最終表面凝固。同時，溶解在岩漿中的水蒸氣被釋放到大氣中，在氣溫下降後變成液體，形成大雨降落在地表上。這場大雨持續了超過1000年，大量的水覆蓋地表，形成了海洋。

海洋在地球上形成的時間尚不清楚。地球歷史的第1個時期約在46億年前到約40億年前，被稱為**冥古宙**。由於這個時期的地質記錄非常有限，我們對當時地球的狀況知之甚少。

在極少數發現的證據中，最古老的記錄是在西澳大利亞發現，約44億年前的**鋯石顆粒**（圖1-22）。鋯石是由岩漿冷卻凝固而成的岩石，比如花崗岩等岩石中含有的礦物，已知具有耐風化和變質的特性。而對找到的鋯石顆粒進行研究後，科學家發現這些顆粒來自於岩漿，並且曾經在低溫下與水產生反應。換言之，這些鋯石顆粒即顯示出超過44億年前的地球上存在著海洋的事實。

然而，當時存在的海洋可能在之後蒸發消失了。根據對月球撞擊坑數量的研究，大約在距今39億年前，月球和地球曾經遭受大量隕石的撞擊。此時期被稱為**後期重轟炸期**。大量的隕石撞擊使得地球表面再次變高溫，令原始的海洋一度完全消失。之後，在距今大約38億年前，海洋又重新形成，並且一直延續到現在。

圖1-22　約44億年前生成，含有鋯石顆粒的岩石

來源：James St. John

◉ 尋找最古老生物的化石

說到探索古代生命的方法，相信許多人都會想到「尋找化石」。只有在5億4100萬年前的**古生代**以後，才能找到肉眼可見之化石（即多細胞生物的化石）。不過到了20世紀後半葉，科學家已經能從比這更早的地層中，找到必須用顯微鏡才能看見的微生物化石（稱為**微體化石**）

目前已發現最古老的微體化石，是在約35億年前的岩石中發現的微生物化石（圖1-23）。此化石在1982年於澳大利亞發現之初，人們曾對它是否真的是生物化石表示懷疑。但如今已經確定它是某種微生物的化石，而且應該不是能行光合作用的生物。另外，也有一些報告聲稱發現

圖1-23　最古老的微體化石

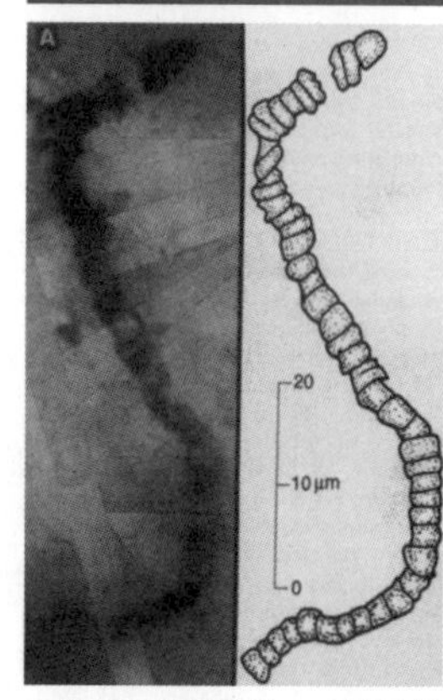

左邊是顯微鏡照片，右邊是其素描圖。

來源：J. William Schopf, 1993, Microfossils of the Early Archean Apex Chert: New Evidence of the Antiquity of Life, Science, 260, 640-646

了更古老的微體化石，但目前尚有爭議，並未完全被承認。

至於更古老的生命痕跡，還有從丹麥屬格陵蘭島的38億年前的岩石中發現，被認為是生物來源的碳粒子。因此，人們認為**生命很可能早在38億年前便已出現在地球上**。

通過測量碳的**同位素**，可以確定這些碳是否來自生物。普通碳原子的原子核由6個質子和6個中子組成（碳12），而雖然同樣都稱為碳原子，但自然界中還有1%左右的碳原子是由6個質子和7個中子組成的同位素（碳13，比普通碳更重）。

然而科學家已知生物體內的碳13比例低於碳12。這是因為構成生物體的碳元素來自植物，是通過光合作用從二氧化碳中固定為有機物，而碳12的化學反應更快、更容易被固定。因此，如果碳13的比例較低，即可判斷此碳原子來自生物。

◉ 地球的生物是在哪裡誕生的？

那麼，最初的地球生命是在哪裡誕生的呢？

目前最有力的說法主要有二：一是**海底熱泉起源說**，另一種是**陸地溫泉起源說**。

圖1-24　深海的海底熱泉

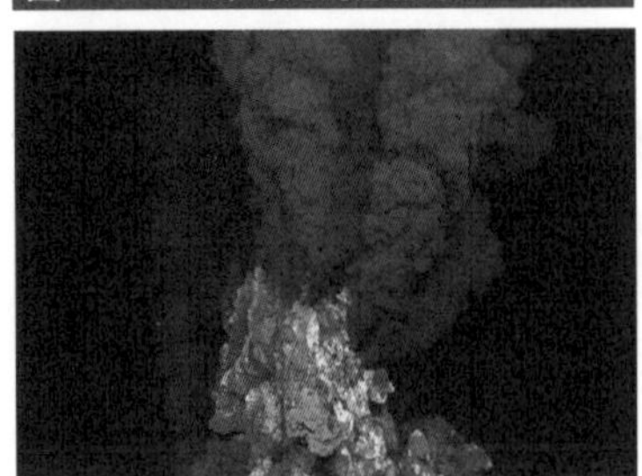

來源：Ocean Exploration Trust

第1種的海底熱泉起源說，認為最初的生命是在有高溫熱水噴出的海底誕生。現今地球的海底也存在著被地下岩漿加熱的熱水噴出孔，稱為**海底熱泉**（圖1-24）。

深度超過2000m的海底熱泉，有時會噴出高達400℃的熱水。由於深海的水壓很大，水的沸點也隨之升高，因此可存在攝氏100℃以上的液態水。這些超高溫的熱水中所含的氮和二氧化碳，會把海底熱泉附近岩石中溶出的鐵等金屬離子當成催化劑，進行化學反應，生成氨基酸等物質。而此假說認為這些物質經過化學反應形成了蛋白質，最終誕生出生命。

生命在超過400℃的極端環境下誕生，可能會讓人感到不可思議。但是，科學家已經在海底熱泉附近發現了可於攝氏100℃以上的溫度下生長的生物——**嗜熱菌**。此外，根據分子生物學的研究，這些熱愛高溫的微生物也被認為可能是地球上所有生命的共同祖先。因此，海底熱泉很有可能是地球生命的「故鄉」。

然而，在將氨基酸連接成蛋白質的反應中，還需要從氨基酸中去除水分子，經過名為脫水縮合的過程。由於水中無法進行脫水縮合（也有人認為在超高溫和超高壓的情況下或許可以），因此有研究人員認為生命很難在海洋和海底誕生。這一派學者認為，最初的生命應該不是在海底，而是在陸地火山地區的溫泉附近誕生。這便是第2種假說——陸地溫泉起源說。

最初的生物來自宇宙？

◉ 知名科學家們皆信奉的胚種論

在前一節的內容中，我們介紹了關於地球上最初生命起源的「海底熱泉起源說」和「陸地溫泉起源說」2種假說。不過，除此之外其實還有人提出了「第三假說」，即**生命（或生命的成分）最初是從宇宙中降臨到地球上**的假說。這個假說被稱為**胚種論**（Panspermia）。其中「pan」是廣泛、普遍，而「spermia」是種子或孢子的意思。此假說的論點為，生命的種子遍布於廣袤的宇宙。

在宇宙尋找地球生命起源的想法，早在很久以前就存在了。19世紀後半，英國物理學家**威廉・湯姆森**（William Thomson，克耳文男爵，1824～1907）和德國生理學家暨物理學家**赫爾曼・馮・亥姆霍茲**（Hermann von Helmholtz，1821～1894）等重要的科學家們，早就提及了這種可能性。當時，人們已經知道隕石是來自宇宙的飛來物，同時達爾文演化論的出現也帶來了生命起源的問題。

因此，克耳文男爵和亥姆霍茲便提出「地球上最早的生命可能是附著在隕石上，然後被帶到原始地球上的微生物」的假說。

圖1-25　斯萬特・阿瑞尼斯

進入20世紀後，曾獲諾貝爾化學獎的瑞典化學家**斯萬特・阿瑞尼斯**（Svante Arrhenius，1859～1927，圖1-25），也大力主張胚種論。他因發現「阿瑞尼斯方程式」而聞名，該方程式表明「化學反應會隨溫度升高而加速」。

而生命現象也是一種化學反應，那麼按照阿瑞尼斯方程式，生命現象在低溫下應該會進行得很緩慢，使生物壽命變得更長。因此，阿瑞尼斯認為微生物在孢子狀態下，是有可能在極低溫的宇宙空間中長時間旅行的。而生命的種子就這樣從一顆行星播撒到另一顆行星。

◉ 生命的種子是彗星帶來的？還是智慧生物種下的？

接下來在20世紀後半，有2名著名的科學家提出了大膽的假說。

其中一位是英國的天文物理學家**佛萊德・霍伊爾**（Fred Hoyle，1915～2001）。霍伊爾因為研究「元素合成」，揭示了恆星內部如何生成碳和氧等多種元素，而在國際中享有盛名。

此外，霍伊爾在另一方面為眾人所知的，則是由於他終其一生都堅持否定宇宙起源於一個小火球的大霹靂宇宙論。事實上，大霹靂這個名稱的起源，便是因為他在廣播節目中揶揄「說宇宙始於一場大爆炸（big bang），這實在太過荒謬了」。

霍伊爾在學術生涯後半的主要熱情之一，便是研究生命的起源。他主張，飄浮在宇宙的塵埃中，不僅有礦物，還混入了乾燥的細菌和病毒。同時他還提出了「地球上最早的生命是由彗星帶到地球上的細菌」的假說。這被稱為**彗星胚種論**。他還主張生物的演化也是由乘著彗星來到地球的病毒所引發。

圖1-26　弗朗西斯・克里克

來源：Marc Lieberman

而另一人則是英國的分子生物學家**弗朗西斯・克里克**（Francis Crick，1916～2004，圖1-26）。他在1953年與美國分子生物學家**詹姆斯・華生**（James Watson，1928～）合作，發現了遺傳物質DNA的雙股螺旋結構。這是跟相對論和量子力學齊名，20世紀最重要的科學成就之一。

在那之後經過30年，即1981年，克里克在其著作中提出了**引導性胚種論**。此假說認為，是其他天體上的高等智慧生命，刻意地將生命的種子播撒到原始地球上，而這些種子便是地球上所有生命的祖先。

克里克在思考過孕育生命所有必須具備的條件之後，他的結論是：只有發生了等同於奇跡的事件，才有可能讓原始地球剛好能集滿這些條件。因此，他認為應該認真研究提倡生命不是在地球上誕生，而是在其他天體上誕生的這些假說。

◉ 地球的生物是由來自宇宙的有機物質形成的？

現在的科學界的宇宙觀或生命觀認為的起源故事為：宇宙始於一個超高溫的小火球（大霹靂），然後宇宙開始逐漸膨脹和冷卻，並在此過程中，誕生出原子和分子（物質演化）。接著，物質繼續發生化學反應（化學演化），最後終於誕生出生命。

而胚種論這個假說，卻拋棄了上述的起源故事，其主張生命是從宇宙的某處飛越太空降臨的，在旁觀者看來這個假說更像是科幻故事。因此，科學界相對下比較少有學者會對於胚種論的內容進行科學性地研究。比起思考胚種論，我們更應該先沿著化學演化的途徑，研究地球上生命的起源。一旦能夠確定化學演化的機制，那麼只要環境相同，即便是地球以外的行星也有可能也存在生命。

然而，從宇宙降臨的不是「生命本身」，而是「生命的組成部分」，這點是完全有可能的。例如以來自宇宙的有機物為原料，通過地球上的化學演化產生了最早的生命。

實際上，科學家已經在落入地球的隕石中發現了蛋白質材料的氨基酸，並確定它們是在宇宙中形成的。氨基酸分為L型（左手型）和D型（右手型）2種形式，而構成地球生命的蛋白質全都是由L型氨基酸組成的。同樣地，地球土壤中的氨基酸也只有L型。然而，在隕石上發現的氨基酸卻是L型和D型各半，因此可以確定它們來自宇宙。此外，後來的研究還在隕石中發現了構成DNA的核酸鹼基和糖。

另一方面，也有像1969年在澳大利亞發現的默奇森隕石（Murchison meteorite），這種L型氨基酸更多的案例。這項發現支持了主張地球氨基酸來自宇宙的胚種論。

此外，筆者的團隊還在宇宙中發現了許多產生光偏振的地點，暗示了在這種環境下產生特定氨基酸類型的可能性。而這些地點，便是恆星誕生的現場（恆星形成區域）。這部分由於涉及比較專業的內容，下面讓我們稍微詳細解釋。

圖1-27　線偏振與圓偏振

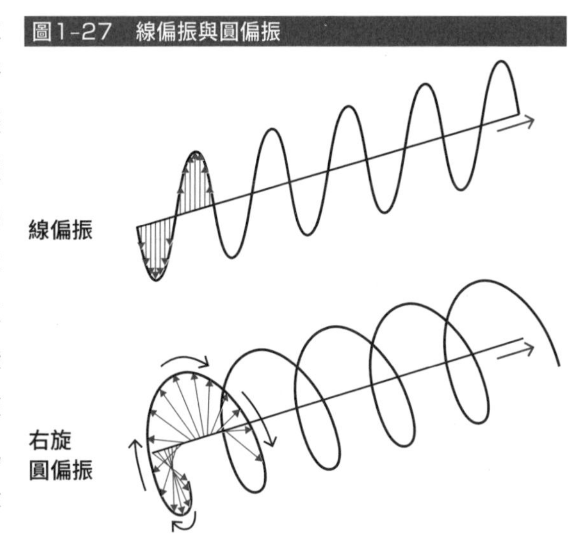

由於光具橫波性質，因此存在著朝行進方向之垂直方向振動的**線偏振**，以及振動面會旋轉的**圓偏振**性質（圖1-27）。其中，當帶有圓偏振性質的光照射到氨基酸時，就會選擇性地破壞D型或L型的氨基酸。這意味著地球生命中的氨基酸都是L型的原因，很可能源自宇宙本身（生命的手性圓偏振假說）。

那麼，這些來自宇宙的光偏振（圓偏振）是如何產生的呢？

傳統理論認為圓偏振光是由超新星爆炸形成的中子星產生，但這些傳統理論都無法解釋為何沒有觀察到大的圓偏振光（偏振程度較大）。然而，筆者卻跟澳大利亞和英國的團隊，一起在獵戶座星雲中發現了超過10%的巨大圓偏振光。此外，東京大學的權靜美博士等人也發現，所有的恆星形成區域都普遍存在圓偏振光，有些地方甚至存在超過20%的圓偏振光區域。

換言之，在太陽系誕生時，有可能是附近的巨大原恆星所形成的星雲中產生的圓偏振光，導致了年輕太陽系中的氨基酸全部偏向L型。

然而，當時認為要證明這個假說相當困難。不過，如果隼鳥2號從小行星帶回來的氨基酸中也是L型較多的話，就能夠成為支持「整個太陽系中的氨基酸都同樣偏向L型」此一假說的證據。

另一方面，地球上的糖都是D型的，而這可能是因為氨基酸和糖對圓偏振光的反應不同，又或者是氨基酸和糖所形成之區域的圓偏振光偏向不同而導致的結果。

此外，在探測器從彗星帶回來的樣本中，也同樣發現了氨基酸。NASA於1999年發射的「**星塵號**（Stardust）」探測器，在2004年接近維爾特二號彗星（81P/Wild），並且成功收集到從彗星噴發出的塵埃後，於2006年返回地球（圖1-28）。帶回的塵埃經過分析後，科學家在其中發現了屬於氨基酸的甘胺酸。

根據估計，每年約有多達5200噸的微小隕石（外星物質）從宇宙降落到地球。地球最初的生命可能就是以此為原料形成的。可以說，重新考慮生命地外起源理論的時代已經來臨了。

圖1-28 「星塵號」探測器靠近彗星的想像圖

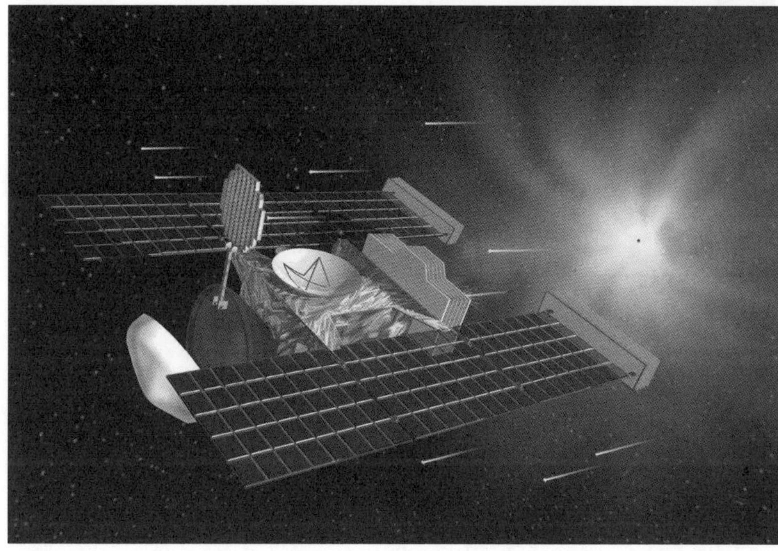

來源：NASA

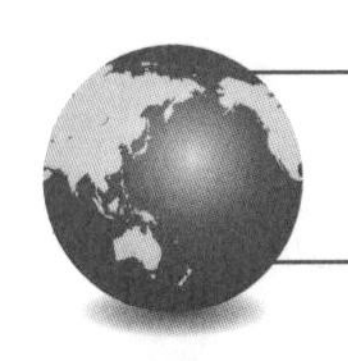

在極端環境中的生活的生物們

◉ 在深海生育的超嗜熱細菌

在第1章的最後，讓我們來聊聊地球上的**嗜極生物**吧。

地球是擁有多達500萬種或3000萬種生物的「生命樂園」。然而，地球並非每個角落都對生命很友好。

地球上存在著0℃甚至更為寒冷的低溫地區；相反地，也有超過100℃的高溫地區、強酸性或強鹼性的環境、極高水壓的深海，以及光線無法到達、缺乏氧氣和有機物的地球深部等等。過去科學家認為，這些地方要嘛不存在生命，要嘛只有極為少數例外的物種。

然而，近年科學家發現愈來愈多能在這些嚴苛環境下生存的生物。而且不少生物不僅僅是適應了嚴苛的環境，還能夠在這樣的環境中茁壯地生長、繁殖。這就是嗜極生物。儘管這類生物大多是單細胞的微生物，但其中也有多細胞生物。

圖1-29　嗜熱菌

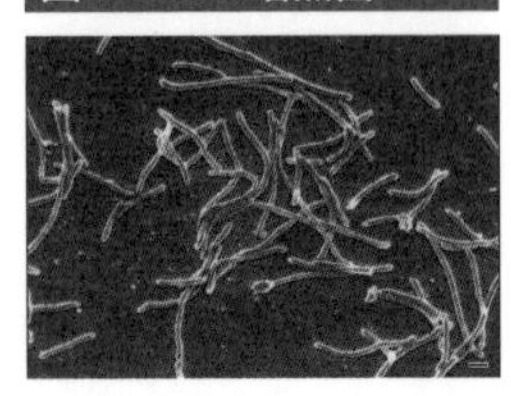

嗜極生物的代表例子是**嗜熱菌**（圖1-29）。嗜熱菌是指適宜生長溫度在45℃以上，或生長極限溫度在55℃以上的微生物。適宜生長溫度在80℃以上的，則被稱為**超嗜熱菌**。

正如先前提到的，在水壓極高的深海中，存在著被地底岩漿加熱到400℃的海底熱泉。在其周圍，我們發現了能在100℃以上的高溫下生長的超嗜熱菌，以及由各種會利用這些菌的生物形成的豐富生態系。

◉ 地表之下也存在生物的樂園！

藉由近年的調查我們能夠得知，除了深海底部，地底深處也有相當大量的微生物生存。

2009年，科學界展開了一項探索地球深部生命的國際合作計劃「**深碳觀測台**」（Deep Carbon Observatory：DCO）。包含日本在內，數百名來自世界各地的專家都參與了這項計劃。經過10年以上的調查，科學家發現地表下存在著與地表相當，甚至更大的生物圈。

圖1-30　在南非地下金礦脈中發現的微生物

來源：Greg Wanger (California Institute of Technology, USA) and Gordon Southam (The University of Queensland, Australia)

比如在青森縣八戶市近海，從水深1100m的海底再往下挖掘2000m的地方，發現了能產生甲烷的細菌等微生物。此外，在南非的金礦脈地下超過2000m的地方，從礦脈裂縫滲出的微量水中也發現了微生物（圖1-30）。

根據DCO的估計，地下微生物的數量多達10的29次方，種類也超過數萬種，碳含量足足是人類的100倍以上。

地球深處是一個極端嚴苛的環境，幾乎沒有氧氣等氣體，營養來源如有機物也非常稀少。因此，已知此處的微生物會透過極端抑制活動量來求生。例如極度減緩吸收周圍有機物的速度，以及將細胞分裂的頻率降低到數千至數萬年1次等等。

如果地球的地下存在著比想像中更多的生命，那麼即使火星的地下也有生命存在也不足為奇。DCO的研究成果對於火星生命探索提供了極大的鼓舞。

◉ 發現能用近紅外線行光合作用的植物

日本的天文生物學中心也在進行嗜極生物的研究。本節讓我們介紹一下小杉真貴子博士團隊的其中1項研究成果。

圖1-31　皺溪菜的群落（左）和單一個體（右）

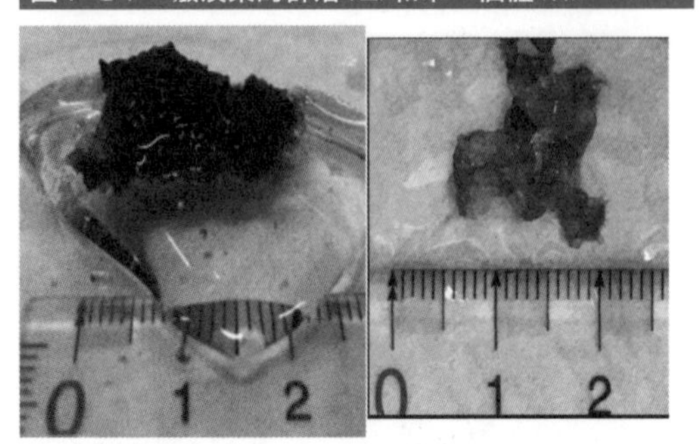

來源：日本天文生物學中心

即使是常年覆蓋雪冰的南極大陸，在夏季（因為位於南半球，故為12月左右）期間也有一些裸露出岩石等地面的區域。那裡生長著一種名為「皺溪菜（南極亞種）」的藻類植物（圖1-31）。

皺溪菜以多層狀態生長。研究發現，它的上層就跟普通植物一樣利用可見光（人眼可見的光）行光合作用。不過，由於可見光大多在上層就被吸收，因此很難抵達下層。然而研究團隊發現，皺溪菜的下層部分竟會使用無法被上層吸收的**紅外線**（特別是紅外線中波長較短的**近紅外線**）進行光合作用（圖1-32）。這是在普通植物上很少看見的特徵。

南極的陸地是常年低溫、凍結與乾燥的狀態，在夏季期間更是有強烈的紫外線照射的極端環境。研究團隊認為，為了在這樣的環境中生存下來，皺溪菜除了可見光外，還會利用紅外線進行光合作用，以獲得更多能量。

圖1-32　抵達皺溪菜群落上下層之光線的光譜差異

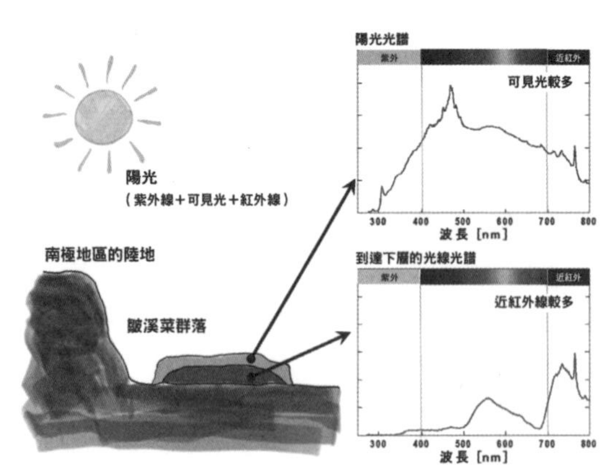

來源：日本天文生物學中心

然而，紅外線的能量比可見光低。因此，一般推測用紅外線行光合作用，效率會比用可見光更低，只能獲得相當少的能量。然而研究卻發現，鬚溪菜用紅外線行光合作用的效率其實跟用可見光的情況差不多。這顯示鬚溪菜發展出了傑出的適應策略，來因應南極的嚴苛環境。

◉ 宇宙中存在很多能利用紅外線的生物？

一般而言，物質的溫度愈高，釋放的高能電磁波愈強。比太陽溫度更高的恆星，會強烈輻射出波長比可見光更短的紫外線（電磁波的波長愈短，則能量愈強）。而溫度與太陽相當的恆星會強烈輻射出可見光，溫度比太陽低的恆星則會強烈輻射出紅外線。

而放眼整個宇宙，溫度低於太陽，且相較於可見光，更強烈輻射紅外線的恆星（俗稱**紅矮星**）數量要遠多於太陽。植物若要在這種恆星周圍的行星上生長，就必須像鬚溪菜一樣高效地利用紅外線進行光合作用。

由此可見，嗜極生物的研究不只對於地球上的生物，對於其他行星環境下可能存在之生命的研究，也同樣是非常重要的線索。而從胚種論的角度來看，了解生命究竟有多強韌，以及這種韌性的極限，也同樣非常重要。如果生命具有足以穿越嚴酷的宇宙空間的強韌性，就代表地球上最早的生命完全有可能來自宇宙。

第2章

火星、木星、土星的衛星上存在生命嗎？

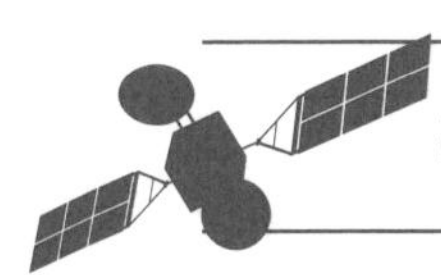

維京號探測器的火星生物探測任務

◉ 火星是滿布撞擊坑的乾燥星球？

地球以外的天體中，科學家認為最有可能發現地外生命的行星，是環繞在地球稍微外側一些的軌道上的火星。本節我們先來介紹一下**火星探測**的歷史吧。

在1950年代至60年代，也就是東西冷戰的期間，美國和前蘇聯展開了激烈的太空競賽。初期大多是前蘇聯比美國更快取得成果，例如成功發射第1顆人造衛星（1957年）和實現有人太空飛行（1961年）。

而落後的美國為了重振聲威，立志要搶先實現載人登月探測，最終由阿波羅11號計劃成功實現人類首次登陸月球的壯舉（1969年），這件事我們在序章也提到過。

另一方面，對於比月球更遠的太陽系其他行星的抵達和探索，前蘇聯主要將目標放在金星上，而美國則主要將精力集中在火星上。

首個接近火星的探測計劃，是美國的**水手4號**（Mariner 4）探測器。它在1964年通過距離火星大約1萬km的位置，拍攝到火星表面的照片。呈現在照片中的，是一片類似月球表面，滿是撞擊坑的荒涼景色（圖2-01）。儘管過去羅威爾等科學家曾經主張「火星上存在人造運河」，但是想當然耳並沒有在火星表面發現運河。與此同時，也沒有找到部分科學家所期待的火星植物。

此外，從探測器的觀測中，我們發現火星的氣壓只有地球大氣壓的100分之1不到。在這種氣壓下，水的沸點會低於0℃，從固態冰直接昇華為氣態水蒸氣，因此在火星表面無法存在液態水。

圖2-01　水手4號拍到的火星地表影像

來源：NASA／JPL

不過在火星的某些地點，比如海拔低於海平面的巨大盆地中心，由於氣壓較高，仍有存在液態水的可能性。話雖如此，由於地表幾乎不存在孕育和維繫生命的液態水，意味著火星是一顆「乾燥的行星」，令科學家對火星上存在生命的期望也大幅降低。

在5年之後的1969年8月，也就是全世界大肆慶祝阿波羅11號登月壯舉的1個月後，美國的水手6號和7號相繼抵達最接近火星的位置。然而，在這2架探測器拍攝的照片中，依然只能看到充滿坑洞的火星表面。

◉ 火星的地形豐富，且曾經存在液態水？

1971年，美國的**水手9號**進入火星繞行軌道，成為火星的人造衛星。

圖2-02　奧林帕斯山

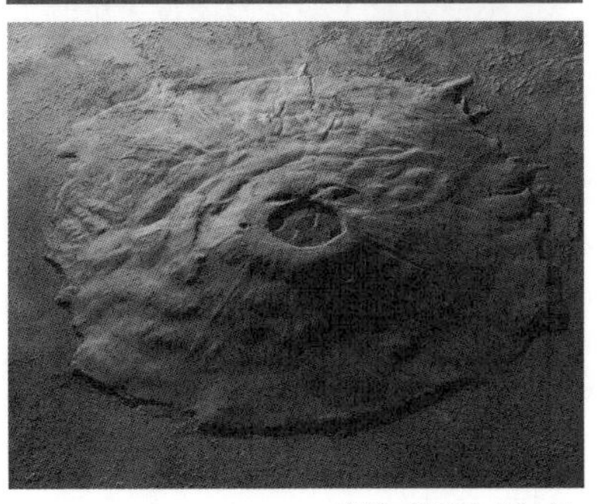

來源：NASA／Corbis

然後它花了大約1年的時間，拍攝了範圍涵蓋火星8成地表，約7600張的照片，並將這些照片傳回地球。結果跟上次相反，這次科學家看到了火星起伏多變的豐富景象。這代表之前的探測器純粹是剛好只拍到火星的「無趣之處」。

例如，被認為是太陽系最大的火山——火星的**奧林帕斯山**，其海拔約2萬6000m（約為珠穆朗瑪峰的3倍），底部直徑約550km（約富士山的10倍）（圖2-02）。

此外，還發現了長約4000km、最大寬度約200km、最大深度達7km的巨大V形谷——**水手號峽谷**（Valles Marineris，圖2-03）。

圖2-03　水手號峽谷

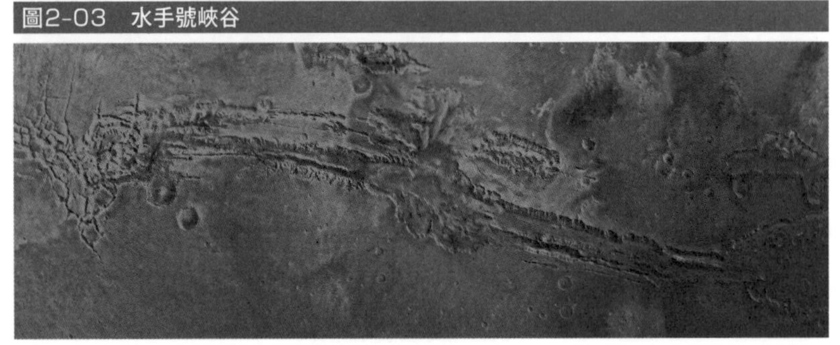

來源：NASA／JPL-Caltech

地球上最具代表性的峽谷為美國的大峽谷，其長約450km，最大寬度約30km，平均深度約1.2km，兩相對比便能看出水手號峽谷有多麼巨大。這些巨大的火山和峽谷，被認為是由地殼活動形成的。

不僅如此，探測器還在火星的各處發現俗稱**河道**的溝狀地形。這可能是由河川或洪水等液態水的侵蝕作用造成（然而也有可能不是水，而是由熔岩流造成）。

就這樣，科學家發現雖然目前觀測到的火星表面沒有液態水存在的蹤影，但過去的火星卻可能確實存在過液態水，對發現火星生命的期待又一口氣提高了。

◉ 從歡喜到失望的維京號火星生物探測計劃

圖2-04　維京1號登陸器調查火星的土壤

來源：NASA

於是為了尋找火星上的生命，美國啟動了**維京計劃**。然後在1976年，無人探測器**維京1號**和**2號**的登陸器被送到了火星的紅色大地上（圖2-04）。

為了檢測火星土壤中的微生物，這2個登陸器在火星上進行了著名的**維京號生物探測實驗**。該實驗通過向土壤添加營養液和照射光線，來研究土壤中是否會發生光合作用和呼吸作用等代謝現象。正如在第1章中所述，進行代謝是生物的其中1個重要特徵，因此科學家希望在火星上尋找代謝的跡象。

在其中1個生物學實驗中，探測器成功地檢測到可能是微生物分解營養液所產生的二氧化碳，NASA 的研究人員對此結果歡欣鼓舞。然而，其他實驗卻沒有觀察到與代謝相關的反應。更令研究人員失望的是，在分析過土壤加熱後產生的氣體時，也沒有檢測到任何構成生物體的有機物。這代表土壤中不僅沒有依然存活且仍能行代謝作用的生物，就連古代生物的殘骸也沒找到。

根據這些實驗結果，NASA 最終得出「火星上不存在生命」的結論。連檢測到二氧化碳的生物學實驗，也同樣能用與生命活動無關的化學反應來解釋。

然而登陸器所調查的土壤只有1m²的範圍，而且只是表面的土壤。火星的大氣中沒有氧氣，也沒有由氧氣組成的臭氧層，來自太陽的強烈紫外線會直接降落到地表。

因此，即使地表附近曾經存在有機物，也有可能早就被紫外線分解殆盡。所以，只要調查地下沒有受到紫外線照射的土壤，仍有可能發現有機物或依然存活的火星生命。

只可惜維京計劃的「失敗」影響深遠，導致美國在之後20年都沒有進行新的火星探測。另外，美國的太空政策將重心轉向用太空梭開發地球附近的宇宙，也是導致火星探測出現20年空白期的原因之一。

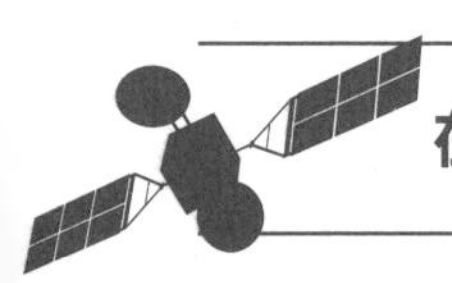

在來自火星的隕石上發現了生命的蹤跡？

◉ 在南極發現的隕石引發巨大騷動

維京號的火星生命探測以失敗告終後，國際對火星生命的熱潮也迅速消退。而在20年後重新點燃這熱潮的契機，是一塊重約2kg、拳頭大小的小石頭。

1996年8月7日，當時的NASA署長丹尼爾・戈爾丁宣布，在從火星飛來的隕石「**ALH84001**」中，發現了過去火星生命的痕跡。同日，當時的美國總統比爾・柯林頓也提到這項消息，表示「如果這一發現得到確認，無疑將成為科學史上最重大的宇宙學發現」。這一震撼性的消息迅速傳遍世界，日本的許多報紙也用全版報導了這一消息。

正如第1章說過的，落在地球上的隕石大多數是存在於火星和木星軌道之間的小行星碎片。雖然它們通常會在大氣層燃燒殆盡，但仍有一部分能到達地表，變成隕石。

而在這些隕石中，偶爾也存在著不是來自小行星，而是來自月球或火星的碎片。它們是在小行星撞擊月球或火星時，從月球或火星的地殼噴濺出來的碎片，其中一部分飛來地球。隕石的起源，可以通過檢測其中的氣體成分得知。由於火星的大氣成分已經在維京號探測計劃中詳細研究過，所以如果隕石的成分與之相似，就可以確定這顆隕石來自火星。

ALH84001是1984年在南極艾倫丘陵（簡稱ALH）發現的眾多隕石之一（圖2-05）。地球上發現的大部分隕石都是在南極發現的，俗稱**南極隕石**。南極之所以常常發現隕石，是因為黑色的隕石在白色的冰雪上比較顯眼，同時隕石在南極會隨冰棚的流動而聚集到特定地點，比較容易採集。1969年，日本在南極昭和基地附近的「大和山脈」發現了多顆隕石，人們因此知道南極隕石的存在。實際上，日本也是世界上第二大的隕石持有國

圖2-05　南極隕石「ALH84001」

右下是用來當比例尺的1㎝見方骰子。

來源：NASA

（第一大是美國）。

而針對南極隕石ALH84001的調查結果發現，它是大約40億年前在火星上形成的。然後在約1500萬年前因小行星的撞擊而從火星上飛出，在宇宙中流浪，最終在大約1萬3000年前墜落到地球上。通過測量隕石中的放射性元素含量，可以推斷出隕石的形成時期、在宇宙中飄流的時間，以及墜落到地球的時間。

◉ 火星存在生命蹤跡的「4項證據」

圖2-06　戴維·麥凱

來源：NASA

主導ALH84001研究的是NASA詹森太空中心的**戴維·麥凱**博士（David McKay，1936～2013，圖2-06）的研究團隊。他們之所以主張隕石中存在火星原始生命的痕跡，是基於以下4個證據。

第一，在隕石中發現了碳酸鹽。碳酸鹽是二氧化碳溶於水形成的礦物質。由此可知該隕石原本的故鄉存在生命所需的液態水。

第二，用電子顯微鏡觀察碳酸鹽附近的區域，發現了許多細菌類微生物的管狀結構物（圖2-07），其大小約為20～100nm（1nm〈奈米〉＝100萬分之1㎜），非常類似第1章中介紹的地球上最古老的微體化石。因此，麥凱等人認為這些結構物是火星生命的微體化石。

圖2-07　在ALH84001上發現的管狀結構物

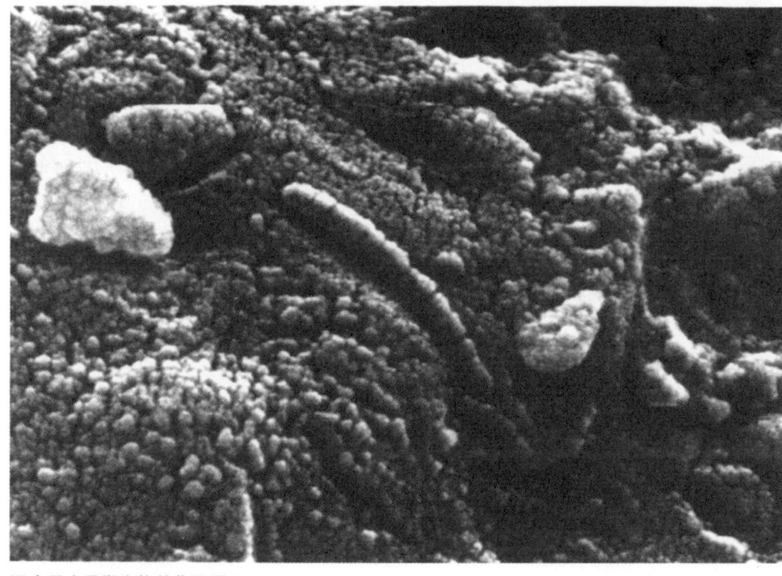

這會是火星微生物的化石嗎？

來源：NASA

第三，隕石中發現了名為PAH（多環芳香烴）的有機物。已知PAH是生物體分解時產生的物質，在地球生命的化石中也十分常見。此外，隕石中的PAH含量比隕石周圍冰中的PAH多100倍，因此可以確定它們原本就存在於隕石中。

第四，從隕石中發現了一種由鐵和氧化物組成的磁鐵礦微粒子。這些微粒子與地球上的趨磁細菌所產生的微粒子非常相似。趨磁細菌能在體內生成磁鐵，並感知地磁場以進行移動。

這些證據單獨看來都算不上是決定性的證據，因為它們也可能是由跟生命現象無關的化學反應產生的。然而麥凱博士等人認為，當這4個證據一起出現時，就足以認為它們是生命現象的產物，故斷定它們是火星生命的痕跡。

◉ 這些結構物眞的是微生物化石嗎？

在麥凱博士的團隊公布該結論後，很多人陸續對此其提出否定的看法，肯定派和否定派之間爆發激烈的論戰。

首先，針對這些看似微生物化石的結構物，許多人指出「這可能只是隕石表面的凹凸紋路，恰好看起來像微體化石」。而肯定派雖然也提出反駁，但從形狀上仍無法判斷這是不是微化石。

此外，PAH 的部分也出現了各種異論。例如，有些人認為宇宙中的塵埃也含有與生命無關、經由化學反應生成的 PAH，因此懷疑會不會是這些 PAH 混入了隕石中。還有一種說法是，這些隕石有可能是在從南極被發現到運往實驗室的過程中，遭到地球微生物汙染才產生了 PAH。

事實上，這些激烈的爭論至今仍未有結論。不過，肯定派和否定派打從一開始就都同意一件事，即「為了得出結論，必須重新進行火星探測」。因此，NASA 也決定重啟火星探測計劃。

另外，圍繞這顆隕石的爭論，後來也成為了天文生物學這門新興學科誕生的重要契機。因此，無論 ALH84001 是不是過去火星生命的痕跡，它都無疑是科學史上的紀念碑。

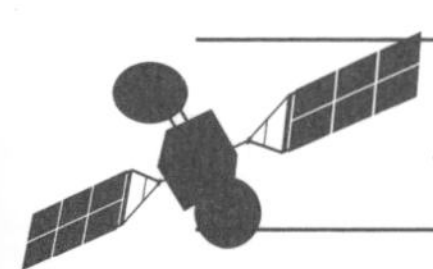

火星在過去曾是「水星」

◉ 火星探測的新關鍵字是「找水！」

在重啟火星探測計劃時，NASA 借鑒了維京計劃的教訓。在維京計劃時，讓登陸器安全著陸被列為最優先事項，因此事前並未充分討論探測地點是否適合進行生命探測。

於是這次 NASA 提出了「追尋水源！（Follow the Water!）」的口號。不直接尋找生命，而先尋找當前或過去曾存在水的地點，然後再逐步篩選出適合進行生命探測的地點。

此外，為了能夠在登陸火星後四處移動進行探測，NASA 也致力於開發搭載攝影機和測量儀器的無人探測車（rover）。

發射火星探測器的機會，是在每隔2年2個月地球靠近火星的時機。在1996年11月和12月，2架火星探測器——**火星全球探勘者號**（Mars Global Surveyor）和**火星拓荒者號**（Mars Pathfinder）分別發射升空。火星拓荒者號於1997年7月，自維京計劃以來暌違21年再次成功登陸火星，並使用了暱稱為「旅居者號（Sojourner）」的小型探測車展開探測（圖2-08）。

結果，NASA 在上面找到了看上去像是由流水形成的小圓石，以及黏附著許多小石頭的礫石，還有疑似被洪水沖刷形成的岩石堆。這些發現顯示了火星曾經存在大量液態水。

圖2-08　在火星大地上行進的小型探測車「旅居者號」

來源：NASA／JPL

同時在1997年9月進入火星繞行軌道的火星全球探勘者號，也利用高解析度攝影機詳細調查了火星表面的地形。結果發現了類似河口三角洲的地形，以及疑似是地下水滲出導致的地形痕跡，這些都是火星表面曾有大量液態水存在的證據。而且這些地形的形成時間只在數百萬年前，從地質學的角度來看，可說是非常近期才形成的。

◉ 現在的火星地表也存在液態水！

在2003年升空的**火星探測漫遊者計劃**（Mars Exploration Rover）中，2架雙胞胎探測車「勇氣號」和「機遇號」於2004年成功登陸火星。這2架探測車的運行時間大大超出了最初預計的90天，勇氣號運行了6年，而機遇號運行了長達14年半。機遇號的行駛距離約45㎞，創下地外天體上最長的行駛距離紀錄。

圖2-09　機遇號發現的粒狀礦物

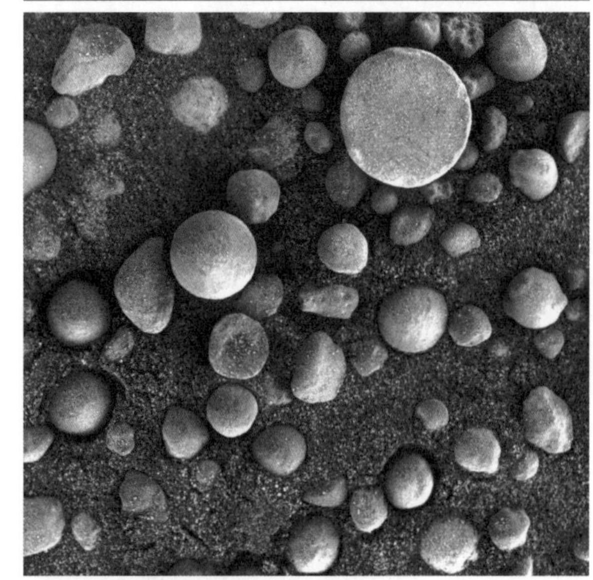

此礦物因其形狀和顏色而被稱為「藍莓」。
來源：NASA／JPL-Caltech／Cornell／USGS

此外，2架探測車還發現了許多赤鐵礦（hematite）的微小粒狀礦物，赤鐵礦是由與液態水的相互作用所形成的；許多的證據皆能顯示出，火星上果然曾經存在液態水（圖2-09）。

2008年，**鳳凰號**火星探測器降落在火星的北極附近，並在地下探測到水分子。火星的北極和南極地下被認為存在大量的冰，但這種冰不一定是水冰，也有可能是乾冰（二氧化碳冰）。然而，鳳凰號的分析儀器在檢查過冰的成分後，首次確認了水分子的存在。

圖2-10　火星表面可見到暗色的條紋（白色箭頭所指處）

這被認為可能是液態水流過的痕跡。

來源：NASA／JPL-Caltech／Univ. of Arizona

然後在2011年，由繞行火星軌道的探測器**火星偵查軌道衛星**拍攝的照片顯示，現在的火星表面也可能存在水流。探測器在火星表面上發現了重複出現並消失的神祕暗色條紋，科學家推測，這些條紋是地底下以冰狀態存在的水，在夏季融化後從地下流出的痕跡（圖2-10）。此外在2015年，NASA又宣布在同一地點檢測到含水的鹽。

另一方面，**ESA**（歐洲太空總署）也在2012年宣布發現了太古時代的火星曾存在海洋的證據。這是由2003年升空的**火星快車號**（Mars Express）探測器取得的成果，該探測器也是ESA最早的行星探測任務。

火星快車號的軌道繞行器發現火星北半球的表面被一層低密度物質所覆蓋，而這些物質乃是富含冰的沉積物，所以被認為是由古代火星的海水沉積形成。

在過去，科學界普遍認為火星只在46億年前剛形成的時期有可能存在液態水。然而通過對火星的再次探測，卻發現火星曾有很長一段時間保持溫暖潮濕的環境，擁有豐富的液態水資源。有些理論甚至認為，火星直到20

億年前都還存在著「火星海洋」。由上述證據可推論，在過去的火星上的確有可能曾有生命誕生。

不僅如此，如果現在的火星地下依然存在冰和水，那麼火星生命甚至有可能仍然存活在地底下。

◉ 在火星尋找有機物

繼水之後，另一個維京計劃未能檢測到，但後來卻在火星上發現的重要物質是有機物。

2004年，歐洲太空總署的火星快車號發現火星上存在微量甲烷。2009年，地面望遠鏡也在觀測中檢測到甲烷，並報告了火星甲烷的空間分布和時間變化。甲烷是最簡單的有機物之一，但因為火山氣體中也含有甲烷，所以發現甲烷本身並不能作為生命存在的證據。

圖2-11　好奇號在火星上的真實照片

雖然看起來像是有人在旁邊拍攝，但這張其實是好奇號用機械手「自拍」後再合成的影像。白色箭頭處是為採集樣本而用鑽頭在地面挖出的孔穴。

來源：NASA／JPL-Caltech／MSSS

為了尋找更複雜的有機物，美國在2012年發射了**火星科學實驗室**探測器，並通過軌道繞行器將「**好奇號**(Curiosity)」火星探測車投入火星地表(圖2-11)。好奇號比傳統的探測車更大(大約是小型轎車的大小)，並配備了多種分析儀器，可說是名副其實的火星科學實驗室(science laboratory)。其搭載的有機物分析儀器「SAM」，除了可以分析表土，還可以分析挖掘出來的地下土壤。

2013年，好奇號在其探測地點蓋爾撞擊坑內，用鑽頭鑽取一種俗稱泥岩的堆積岩進行採樣，並用SAM分析樣本加熱後產生的氣體。結果檢測到了苯、甲苯、丙烷等有機物。

這顯示蓋爾撞擊坑以前可能曾是一個巨大的湖泊，而湖泊中生物產生的有機物沉積在湖底，並形成了泥岩。

在火星上發現水和有機物，並不能直接證明火星仍有或曾有生命存在。然而，我們確實正一步一步靠近火星的生命。

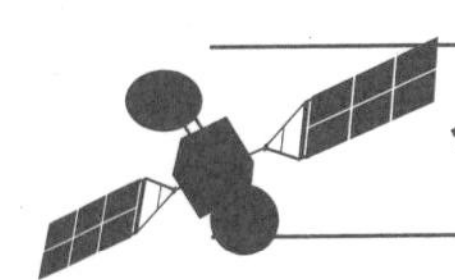

今後的火星生物探測計劃

◉ 以未來的樣本回收爲目標

一如序章的介紹，NASA 目前正在進行火星探索任務「**火星2020**」。火星探測車「**毅力號**」正在被認為曾是湖泊的耶澤羅撞擊坑內，尋找火星有機物和微生物痕跡。此外，毅力號也成功在可能含有這些痕跡的岩石上鑽取並採集到樣本，且將之保存在容器中。

然而，光憑探測車和探測器所搭載的設備，分析能力終究存在限制。如果能將樣本帶回地球進行研究的話，就能獲得更多的信息。而且，將樣本保存在地球上，未來還能使用更先進的分析設備做更進一步的研究。阿波羅計劃帶回的月球樣本也同樣在地球保存了數十年，至今依然在使用最新的設備分析，進行新的研究。

圖2-12　火星樣本取回任務的想像圖

毅力號（左）收集的火星岩石樣本，將由樣本回收探測車（中）回收，然後裝載到小型火箭（右下）上發射。最終由地球返回探測器（右上）拾取，帶回地球。

來源：NASA／ESA／JPL-Caltech

NASA和ESA正共同推動**火星樣本取回任務**，以將毅力號保存的樣本帶回地球（圖2-12）。根據最新（截至2022年3月）計劃，該任務預計將在2028年把「樣本回收探測車」、「小型火箭」以及「地球返回探測器」送往火星。樣本回收探測車將在火星著陸，回收毅力號保存的樣本。然後將樣本轉移到小型火箭上，射入火星的繞行軌道。另一方面，地球返回探測器將在火星軌道上繞行等待，捕捉從火星發射的火箭，接收樣本帶回地球。預定探測器將在2033年回到地球。

另外，ESA同時也跟俄羅斯合作推動火星生物探測計劃「**ExoMars**」。此任務在2016年完成了第1次發射，成功將負責分析火星大氣中微量氣體的繞行器送入火星軌道。然而最終登陸器在著陸時撞上了火星表面，失去了聯繫。爾後第2次發射不斷被延期，好不容易敲定在2022年實施，預計將登陸器和探測車送上火星。然而，由於俄羅斯對烏克蘭的軍事入侵，2022年的發射最終被取消。之後，ESA宣布終止與俄羅斯在ExoMars計劃的合作關係，並開始尋求與其他國家合作推動計劃。

◉ 生命探測跟「行星保護」的關聯

現在NASA和其他各國的火星生物探測計劃，大多將重點放在尋找過去火星生命的痕跡。另一方面，也要考慮到火星地底下很可能現在仍然存在著生命。由於我們已經知道地球的地底存在著數量驚人的微生物（第1章），因此可以預期火星上也能觀察到同樣的情況。

然而，尋找現存火星生命的任務正面臨一項重大挑戰。那就是**行星保護（Planetary protection）**的課題。

行星保護分為2個方面。第一，是保護探測目標的天體環境，避免被來自地球的微生物和生命相關物質汙染。這一方面是為了確保先前的探測不會變成未來探測的障礙，也是為了防止它們對於目標天體上可能存在的當地生物造成影響，屬於倫理方面的考量。第二，是在探測器從目標天體返回地球時，保護地球免受外來生命和與生命相關物質的汙染。為了確保地球生物的安全，這是必要的措施。

現在進行的火星探索任務，對於被認為可能有火星生物活動的地區，具體來說就是被認為存在液態水的地方，探測器和火星車都會盡量避免靠近。這是為了防止有地球微生物附著在探測車上，跑到液態水中繁殖。因為這可能會導致「以為發現了火星生命，最終卻發現那其實是從地球帶去的微生物」的糗事。火星探測器原本就會進行加熱處理，並使用化學物質對零件進行滅菌處理，在無塵室中進行組裝，極力減少微生物的附著。即便如此，要完全消除微生物是不可能的，因此目前的方針是「避免接近可能有生命存在的地方」。

將來若要探測現存的火星生命，就必須更加徹底地為探測器滅菌並去除有機物。此外，載人火星探測任務計劃預計將在2030年代至2040年代實施，並且之後還可能會實施火星移民計劃（圖2-13）。當人類踏上火星的紅大地時，也必須限制在火星上的活動範圍，並訂定規定防止人員侵入可能有火星生命存在的區域。

圖2-13　未來的火星載人探測想像圖

科學家想像人類可以住在用火星上的冰當牆壁材料建造的球形「冰屋」內。冰屋可為人類抵擋有害的放射線，只讓可見光照入屋內。

來源：NASA／Clouds AO／SEArch

◉ 從火星的衛星上帶回火星的生物蹤跡？

最後來介紹一下日本的火星衛星探測計劃「**MMX**」。MMX 是 Martian Moons eXploration 的縮寫，此探測計劃的目的在於揭示火星衛星的起源和火星圈的演化過程。

火星有2個衛星，分別是火衛一**福波斯**（Phobos）和火衛二**得摩斯**（Deimos）（圖2-14）。它們的半徑分別約為11㎞和6㎞，比地球的衛星月球（半徑約1737㎞）要小得多。

圖2-14　火星的衛星福波斯（左）和得摩斯（右）

來源：NASA／JPL-Caltech／University of Arizona

關於這2個衛星的形成，目前學界主要有2種理論。第1種是「捕獲說」，即認為它們原本是小行星，後來被火星的引力捕獲成為衛星。第2種是「巨大撞擊說」，即認為火星曾經遭受一次巨大的天體撞擊，而撞擊產生的碎片圍繞著火星聚集形成了衛星。後者的原理與月球形成的「大碰撞說」相同。

在 MMX 計劃中，探測器將接近火衛一和火衛二，並計劃採集火衛一的樣本帶回地球。MMX 計劃希望通過對火衛一樣本的詳細研究，解決捕獲說和巨大撞擊說究竟哪一個理論才正確的問題。

除此之外，MMX 帶回的火衛一樣本有可能不只有火衛一的物質，還混雜著來自火星本體的沙子。因為火衛一的繞行軌道非常接近火星，距離火星地表僅約6000㎞（地球和月球的距離約為38萬㎞）。因此，每當小型天體撞擊火星時，火星表面的土壤就會被捲起噴向宇宙，最終落在火衛一上。

MMX 探測器目前的計劃是，在2024年9月發射升空，並於2025年8月到達火星軌道，然後在2029年9月將樣本帶回地球。如果計劃順利進行，成功將火衛一的樣本帶回地球，而且裡面確實混有火星本體的沙子，日本將搶先 NASA 和 ESA 的火星樣本取回計劃，更早替人類取得「火星之沙」。此外，如果這些沙子中存在過去火星生命的痕跡，也將對解決火星生命之謎有很大的貢獻。

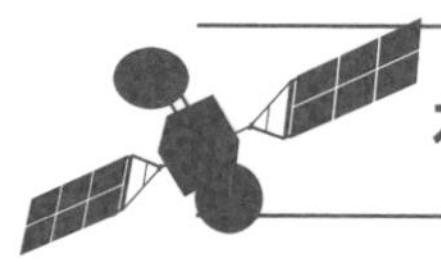

木星、土星的冰衛星生物探測

◉ 南極冰層下的廣大湖泊存在生命嗎？

接著再來聊聊木星和土星的冰衛星上的生物探測歷史吧。

如同在第1章提到的，科學家認為有些木星和土星的衛星，在表面冰層下存在著廣闊的液態海洋（內部海洋）。木星和土星的潮汐力會使衛星搖擺，產生地熱，這被認為是使冰融化形成內部海洋的原因。如果真有海洋存在，那裡有生命誕生也就不足為奇了。

實際上，地球上也存在類似的環境。這就是南極的**冰下湖**。南極的厚厚冰層下，已發現了200多個大小不一的冰下湖。其中一個名為**沃斯托克湖**的湖泊，就位於俄羅斯的沃斯托克基地附近，位於4㎞厚的冰層之下（圖2-15）。它的面積約有1萬4000㎢（約為琵琶湖的22倍），一般認為已跟地面隔絕了超過1500萬年之久。

自1989年起，俄羅斯的研究團隊便開始在冰層上鑽洞，向沃斯托克湖的湖面挖掘。然而，為了防止地面的微生物汙染湖中可能存在的生態系，挖掘工作進行得非常謹慎。

2013年研究團隊往冰層底下鑽探了

圖2-15　南極的冰下湖・沃斯托克湖的插圖

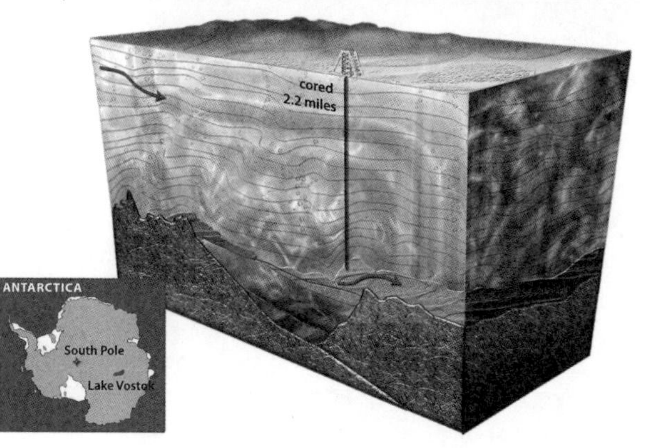

來源：Nicolle Rager-Fuller／NSF

大約3800m深後，鑽頭終於成功到達了沃斯托克湖。在分析了採集到的樣本後，他們發現了超過3500種生物（其中大多數是新種微生物）的基因片段。然而，由於樣本曾被鑽頭上的油汙染，也有不少研究人員否定了冰下湖存在特有種的觀點，至今仍未有定論。

◉ 擁有內部海的木星冰衛星們

太陽系中最大的行星木星，目前已知擁有72顆衛星。其中，在離木星第二近的軌道上公轉的木衛二**歐羅巴**，被認為是其中一顆擁有融化的內部海洋的冰衛星。

根據2012年哈伯太空望遠鏡拍攝的圖像，科學家發現木衛二的南極附近會噴發出類似水蒸氣的物質。根據2016年的觀測圖像分析，這些噴發物可達到距離冰表面約200km的高度。然而，也有已發表的研究認為這些噴發物（稱為羽流）並非來自內部海洋，而是來自冰內溶化的水。

圖2-16　木衛二的內部海洋想像圖

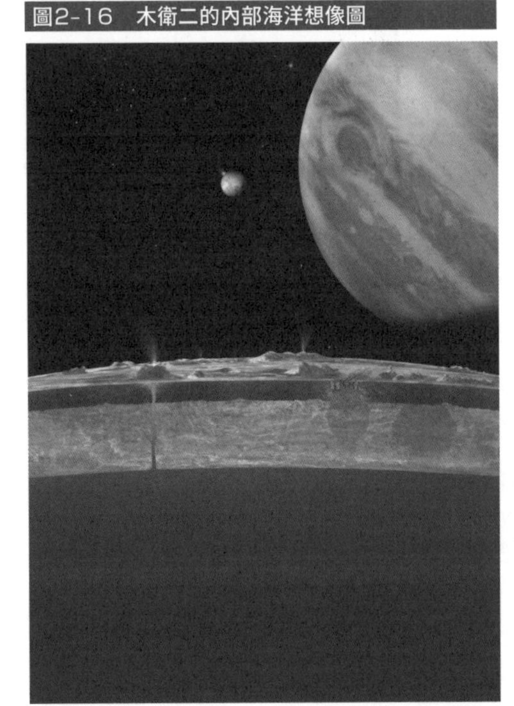

來源：NASA／JPL-Caltech

木衛二的表面冰層厚度約數十km，預估冰層下方內部海洋的深度約達100km（圖2-16）。

相較之下地球的海洋平均深度約為4km，最深處約10km，因此木衛二的內部海洋即使單看深度也跟地球海洋完全不同。

20世紀代表性的科幻

作家亞瑟・C・克拉克（1917～2008），在1982年發表了他的代表作之一《2001太空漫遊》的續集《2010太空漫遊》。該作描述了一種生活在木衛二海洋中的巨大生物。雖然實際上木衛二的內部海洋中，存在巨大水生生物的可能性很低，但原始生命的存在是完全有可能的。

在同為科幻界巨匠的詹姆斯・P・霍根（1941～2010）的出道作，風靡一時的《星辰的繼承者》（1977年）中，也有一個場景描述了在木星的木衛三**蓋尼米德**（Ganymede，圖2-17）上發現了由智慧生物建造的宇宙船。木衛三是太陽系中最大的衛星，直徑約5300㎞。相較之下月球的直徑約3500㎞，而行星的水星的直徑約4900㎞，而木衛三比它們都還要大。科學家在木衛三的內部也發現了內部海洋。

圖2-17　伽利略探測器拍攝到的木衛三表面

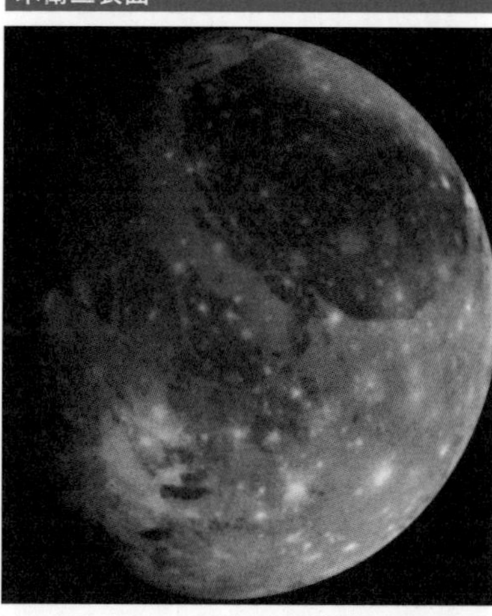

來源：NASA／JPL

2015年，NASA利用哈伯太空望遠鏡的觀測後，宣布發現了在木衛三表面厚冰層下存在廣闊鹽水海洋的證據。據說木衛三的海洋體積比地球的海洋還要大。

由於木衛三像地球一樣擁有磁場，因此會產生極光。在用哈伯太空望遠鏡觀測木衛三的2條發光極光帶後，NASA發現該極光帶的搖動狀態，跟假設木衛三擁有內部海洋時的情況相當吻合。覆蓋木衛三的冰層厚度大約為150㎞，而內部海洋的深度估計約有100㎞。

在木星的冰衛星中，木衛四**卡利斯托**（Callisto）也被指出有可能擁有內部海洋。

◉ 2顆木星冰衛星的探測計劃

現在，有2個探測計劃正在籌備，將探索木星的冰衛星。

第1個計劃名為「**JUICE（果汁）計劃**」，由歐洲（ESA）提出，並得到日本和美國等國的協助，主要目標是探索木衛三（圖2-18）。JUICE是JUpiter ICy moons Explorer（木星冰衛星探測器）的縮寫。探測器預計將在2023年4月發射升空，於2031年抵達木星系統，然後近距離掠過木衛二、木衛三、木衛四後，在2034年進入木衛三的軌道。

圖2-18　JUICE計劃的概念圖

中央是木星，右下是木衛三，左上是探測器。
來源：spacecraft: ESA／ATG medialab; Jupiter: NASA/ESA／J. Nichols (University of Leicester); Ganymede: NASA/JPL; Io: NASA／JPL／University of Arizona; Callisto and Europa: NASA／JPL／DLR

JUICE的目標是觀測木衛三等木星的冰衛星，探索其中存在生命的可能性。此外，科學家也希望藉由觀測冰衛星來了解木星系統的形成過程，進而找到太陽系誕生情況的線索。另外，該計劃也將觀測在太陽系中擁有最強磁場，又被暱稱為「太陽系最強加速器」的木星磁圈。

另一個計劃，則是由NASA推動的「**木衛二快船**（Europa Clipper）」任務。顧名思義，這項任務的主要目的是觀測木衛二。預計於2024年發射，並在2030年抵達木星。探測器將繞行木星並接近木衛二40～50次，在經過木衛二上空時進行觀測。

◉ 土星的衛星是最適合外星生物的行星？

近年，另一個衛星也跟木衛二和木衛三一樣被發現擁有液態海洋，引起巨大關注，它便是土星的冰衛星——土衛二**恩克拉多斯**(Enceladus)。它的直徑只有約500km，大約是月球的7分之1(木衛二的約6分之1，木衛三的約11分之1)大小。

由NASA和ESA聯合發射的土星探測器「**卡西尼號**(Cassini)」，在2005年接近土衛二時，偶然有了意想不到的發現。那就是土衛二表面覆蓋的白色冰層間隙中，竟有液態水像間歇泉一樣噴湧而出。同時卡西尼號還確認到甲烷的噴發(之後還發現了其他有機物)。液態水和有機物的存在，以及噴發液態水和有機物的地質活動，都與古老的地球環境非常相似。因此科學家們認為「土衛二可能才是最適合地外生物存在的星球」，令這顆小小的冰衛星一下子成為鎂光燈焦點。

最初，人們推測液態水只部分存在於該衛星的南極附近。然而經過卡西尼號多年的觀測，科學家在2015年發現土衛二可能擁有一個覆蓋全球的廣闊內部海洋(圖2-19)。

圖2-19　表示土衛二內部構造的CG圖

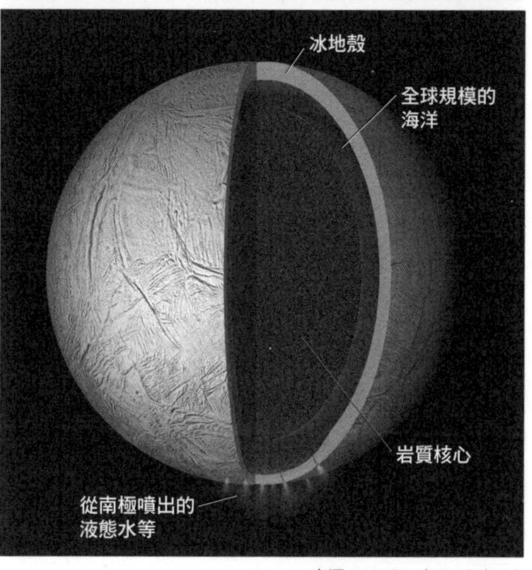

來源：NASA／JPL-Caltech

科學家估計土衛二表面的冰層厚度只有數十m。跟木衛二數十km和木衛三約150km的冰層相比，這厚度簡直跟紙一樣薄。因此在技術面上，將來完全可以將探測器送往土衛二，鑿開冰層，然後將小型無人潛水艇送入內部海洋。然而，從行星保護的角度來看，這樣的觀測可能會破壞內部海洋的生態系，因此實踐上相當困難。

其他擁有液態水的天體，還包括矮行星**穀神星**（Ceres）。穀神星是位於小行星帶的小行星，直徑約950km，相當巨大，因此被歸類為矮行星。根據NASA曙光號探測器在2015年至2018年期間觀測穀神星時收集到的重力測量數據，科學家發現在穀神星地下約40km處有寬達數百km的鹽水積聚。此外，土衛一彌瑪斯、海衛一特里頓，以及冥王星也被指出可能存在液態水。究竟在這些候選天體中，是否存在著寄宿著生命的星球呢？

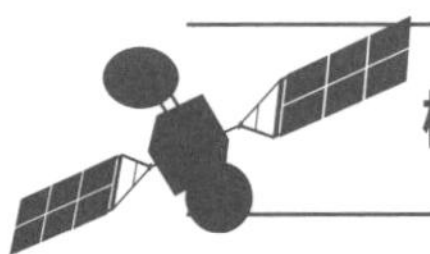

極低溫和超高溫星球上也可能存在生命嗎？

◉ 負180°C的行星・土衛六上存在液態甲烷湖

先前介紹過土星的冰衛星土衛二是「最適合地外生命的行星」。其實土星還有另一顆衛星，也因為可能有生命存在而引起人們的關注。它就是土星的第6顆衛星**泰坦**（Titan）。

土衛六泰坦是土星最大的衛星，直徑約5100㎞，是太陽系中僅次於木衛三的第二大衛星。土衛六在望遠鏡中會呈現橙色。這是因為土衛六擁有濃密的大氣層（地表約1.5大氣壓）。

它的大氣主要成分是氮氣，並含有3%的甲烷。土衛六是太陽系中唯一一顆擁有濃密大氣層的衛星，但科學家仍不知道為什麼。

土衛六離太陽很遠，地表溫度為負180℃，是一個極度寒冷的世界。當然，液態水無法在這種環境下存在。

然而在地球上，這個溫度可使甲烷從氣態變成液態（甲烷的沸點約為負162℃）。換言之，土衛六擁有**液態甲烷**的河流和湖泊，並且會下液態甲烷雨。

圖2-20　由卡西尼探測器拍攝，位於土衛六北極附近的零星湖泊

這些湖泊被認為由液態甲烷、液態乙烷和液態丙烷等碳氫化合物組成。

來源：NASA／JPL／USGS

在前面提到土衛二時，提到過的土星探測器卡西尼號，也曾經掠過土衛六超過150次，並拍下了地表照片（圖2-20）。卡西尼號還投放小型登陸器「**惠更斯號**（Huygens）」，並成功了登陸土衛六，觀測到土衛六的表面和大氣層。

觀測結果證實了「土衛六表面存在液態甲烷」的理論預測。土衛六是太陽系中除地球之外，唯一被證實表面存在穩定液體的天體。此外，也有人指稱，土衛六的地下可能含有由液態氨組成的內部海洋。

◉ 或許會發現迥異於地球生物的「土衛六生命體」？

地球上的生物利用液態水當溶劑進行代謝（同化和異化），藉此維持生命。因為水是一種優秀的溶劑，可以溶解很多物質；反過來說，只要能溶解代謝所需的物質，那麼就算不是水也沒關係。

因此，如果液態甲烷和液態氨可以代替地球上液態水的角色，那麼「液態甲烷湖」和「液態氨內部海洋」或許也能孕育出生命。如果真有這種生物，那它將跟使用水作為溶劑的地球生物截然不同，或許可以稱之為「**土衛六生命體**」。

研究人員還提出了一種以甲烷和乙烷等碳氫化合物為溶劑的細胞膜模型（圖2-21右側）。與地球型生物的細胞膜（同圖左側）不同，它的親油部分（可跟液態甲烷等結合）在細胞膜的外側。如果土衛六生命體的細胞內部也充滿了液態甲烷等物質，那麼細胞內

圖2-21　土衛六生命體的細胞膜

地球生物的細胞膜

土衛六生命體（以液態甲烷等為溶劑）的細胞膜

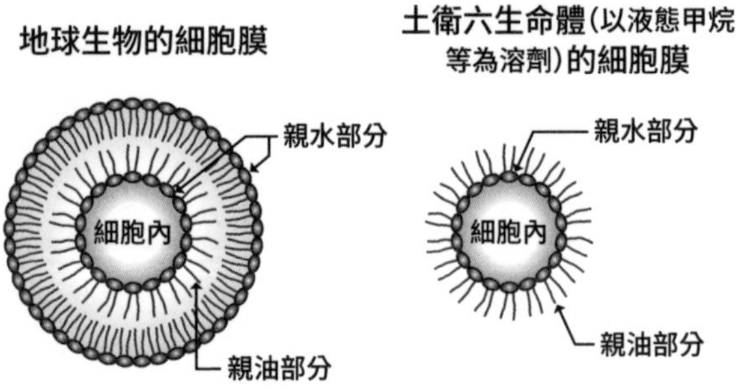

與地球生物的細胞膜（左）不同，土衛六生命體的細胞膜模型（右）的親油部分在外側。

也必須有親油的部分，因此可能會形成跟地球型生物完全相反的雙層膜結構。實際上也確實在土衛六上發現了一種叫丙烯腈（乙烯基氰）的化合物，被認為是這種雙層膜結構的材料。

目前，NASA正在推動探索土衛六的「**蜻蜓號**（Dragonfly）」計劃。蜻蜓號是架可一邊在空中飛行一邊探測的無人機型（直升機型）探測器。由於土衛六的地表有濃密的大氣層，而且重力很小，因此是相當適合無人機飛行的環境。

NASA目前預定的時程是在2027年發射探測器，並在2030年代中期到達土衛六。

◉ 灼熱的行星・金星上也有生物？

與負180℃的極寒冷行星土衛六相反，在另外一顆表面溫度高達460℃、灼熱的行星上頭，或許也可能有生命存在。這指的就是太陽系中的第2顆行星——**金星**。

金星的直徑約為地球的0.9倍，質量約0.8倍，就像一顆稍微縮小版的地球。它的密度也很接近地球，是顆跟地球非常相似的行星。因此人們一度認為，比地球更靠近太陽的金星，氣候或許就跟地球的熱帶地區相似，說不定也存在生命。

但1960年代至1980年代，根據前蘇聯和美國探測器對金星的觀測，人們終於看清了金星濃厚大氣層底下的真面目（圖2-22）。

它的表面溫度約460℃，大氣壓力約等於90大氣壓，而且高空下著足以融化大多數金屬的濃硫酸雨。在如此惡劣的環境下，金星上實在不太可能有生命存在。金星厚厚的大氣層主要由二氧化碳組成，具有強大的溫室效應，雖然太陽光幾乎無法通過，但熱量一旦進入大氣層便無法逃離，導致地表溫度極高。

然而有一些研究人員主張金星上仍有某些地方可以養育生命。那就是**金星的高空**。

圖2-22　金星的火山CG影像

以美國金星探測器「麥哲倫號」的雷達觀測影像為基礎繪製的金星火山CG圖（主要凸顯地形的高度）。

來源：NASA／JPL

科學家發現，雖然金星的地表壓力為90大氣壓，氣溫460℃，不過在高空大約50至60㎞附近，氣壓會下降至1大氣壓左右，氣溫也會下降至足以讓水保持液態的範圍。另外，科學家還認為，在二氧化碳引起的溫室效應發生之前，金星曾經歷過一段氣候溫和的時期，而且表面存在海洋，可能曾有生命誕生其中。而其中一部分生物（如微生物等），至今可能仍存活在金星上空。

2020年，一項研究結果宣布在金星大氣中檢測到一種名為磷化氫的化合物。由於在地球上，磷化氫主要是由某些微生物（厭氧微生物）產生的，故也有研究團隊認為金星上的磷化氫說不定也是微生物製造的。然而後來有人提出反對意見，認為檢測到的不是磷化氫，而是另一種分子，因此金星大氣中到底是否真的存在磷化氫，仍不得而知。

2021年，NASA宣布選定了「達文西號」和「真相號」這2項新的金星探索任務。雖然要等到2028年後才會發射，但可期待這項新的探測計劃將包含探索金星生命的內容。

第 2 部

太陽系外的生物探測

第3章

太陽系外也有「第二地球」嗎？

「行星狩獵」的苦鬥史

◉ 在燈塔旁邊找螢火蟲有多難

在第2章，我們介紹了在火星和木星、土星的冰衛星等太陽系內行星上尋找生命的故事。本章開始，我們將跳出太陽系，聊聊更廣闊的世界上是否存在生命，我們又能否找到它們。

相信每個人都會認為，假如太陽系之外存在生命，那這些生命一定也住在跟地球一樣繞著恆星——即夜空中的繁星——公轉的行星上。我們在序章說過，繞著太陽以外的恆星公轉的行星被稱為**系外行星**（太陽系外行星）。然而，直到大約30年前，人們甚至無法確定太陽以外的恆星是否擁有行星（圖3-01）。

由於行星一般溫度較低，因此用可見光觀測的情況下，它們不會自己發光，必須反射恆星的光芒才能被我們看到。而行星大小愈小、距離恆星愈遙遠，它的亮度就愈低。如果從太陽系的遠方觀看，地球的亮度只有太陽的50億分之1。

如果一個光芒微弱的天體孤獨飄在宇宙中，那麼現代最先進的望遠鏡甚至可以發現100億光年以外的黯淡天體。

但問題是，系外行星的附近通常存在明亮的恆星。尋找系外行星常被比喻成「在眩目的燈塔探照燈旁邊找螢火蟲」。由於系外行星往往近鄰著明亮的恆星，所以它們微弱的光芒很容易被恆星的眩目亮光蓋過，尋找起來簡直

圖3-01　描繪夜空繁星所擁有之行星（系外行星）的想像圖

來源：ESO／M. Kornmesser

難如登天。

因此，科學家們想出了另一個方法。那就是不要直接去尋找一顆顆的系外行星，而是改為尋找「系外行星的存在對於恆星的影響」。這種方法叫**間接法**。

使用間接法來尋找系外行星，亦即「行星狩獵（Planet-Hunting）」的歷史，最早可以追溯到1930年代。這是一段天文學家們長達半個多世紀的艱苦奮鬥的歷史。

◉ 終歸一場空的巴納德星系外行星

行星狩獵的先驅人物之一，是美國的天文學家**彼得．范德坎普**（Peter van de Kamp，1901～1995，圖3-02）。自1930年代後半，他便一直在尋找鄰近太陽的恆星周圍的行星和伴星

圖3-02　彼得．范德坎普

來源：Rochester Institute of Technology

（相互繞轉「聯星」中較暗的那個）。他將注意力放在夏季星座蛇夫座的某顆暗星（視星等9.5）——**巴納德星**上。

巴納德星是距離太陽最近的恆星之一，距離地球僅約6光年。6光年在浩瀚的宇宙中算是非常接近的距離，可以說是太陽的「鄰居」星。

在注意到巴納德星的位置會周期性波動後，范德坎普持續觀察了它20多年。然後在1963年，范德坎普宣布，他確信這種擺動是因為巴納德星擁有2顆木星大小的行星。

圖3-03　擁有行星之恆星的搖晃現象

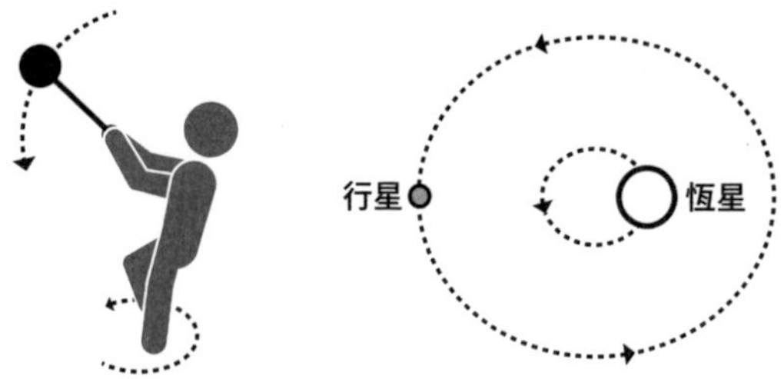

行星　恆星

行星會因恆星的重力而繞著恆星公轉，但恆星也會被行星的引力而輕輕拉動。這就跟鉛球選手在投擲前旋轉鉛球時，不只鉛球會轉，運動員的站立位置也會隨鉛球微微繞圈搖擺是一樣的原理。此時恆星等於運動員，行星是鉛球，而連接運動員和鉛球的鎖鏈，就是恆星和行星之間的重力（圖3-03）。而太陽也一樣，會沿著約等於自身直徑2倍大小的軌道繞轉。

上述這種利用恆星位置會因行星重力而發生輕微晃動或移動的現象來尋找系外行星的方法，稱為**天文測量法**（astrometry method）。但要注意此方法觀測到的是明亮的恆星，並沒有觀測到行星。換句話說，天文測量法是一種間接法。

自此以後，發現新行星開始被視為一項重要的發現，而范德坎普的發現也引起巨大迴響。「巴納德星系擁有行星」這件事甚至一度被寫入天文學教科書。

然而，不久後其他天文學家們陸續發表報告，表示他們在觀測巴納德星後並未觀察到擺動現象。很快地，人們就發現范德坎普使用的望遠鏡存在先天的觀測誤差。巴納德星的位置看起來有搖擺的情況，純粹是觀測誤差造成的結果。於是到1970年代，人們又開始懷疑巴納德星是否真的存在系外行星。

後來在2018年，有報告稱在巴納德星系發現了系外行星。但這並不是說范德坎普當時的發現是正確的，而是發現了另一顆體積比木星更小，俗稱「超級地球」的行星。

然而在2021年，又有其他天文學者發表論文，對該行星的存在提出質疑。無論如何，這些報告的數據都完全否定了范德坎普過去主張有巨行星存在的說法。

◉ 利用恆星的「前後搖晃」來尋找系外行星

范德坎普的觀測（天文測量法），主要的目的是確認從地球上觀看時，是否能夠觀測到巴納德星有「上下左右晃動」的情況。而不同於天文測量法，自1980年代以來，科學家則開始將焦點放在從地球上觀看時，恆星是否有「前後晃動」的情況，並嘗試藉此尋找系外行星。

正如先前所提到的，當行星繞著恆星公轉時，恆星也會進行微弱的圓周運動。這個時候，如果不是從圓周運動的「正上方」觀看，而是從地球的角度去觀察的情況下，將會看到恆星出現朝著前後方向的晃動。換言之，恆星會微微遠離又靠近地球。而科學家試圖用恆星光線的**都卜勒效應**來辨識這種運動。

當救護車靠近我們的位置時，警鳴聲聽起來會比較尖銳；反過來，當救護車逐漸遠離時，警鳴聲則聽起來比較低沉。這是因為當聲源接近觀察者時，音波波長會變短，而聲源遠離觀察者時，音波波長則會變長。這就叫都卜勒效應。

具有波動性質的光也會發生都卜勒效應。當光源靠近時，光的波長看起來會比較短；而當光源遠離時，光的波長看起來會比較長。因此，如果一顆恆星發出的光波長會周期性地忽短忽長，就代表該恆星正不斷靠近又遠離地

圖3-04　都卜勒法的原理

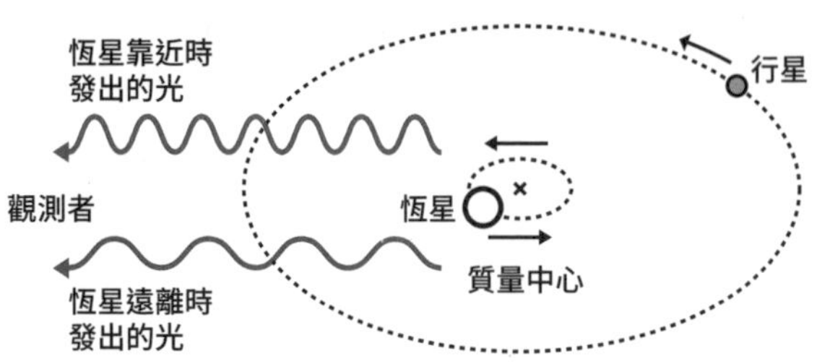

球，換言之它在我們的觀測方向上具有速度。而這便是擁有行星的恆星正在進行圓周運動的證據。這種探測行星的方法稱為**都卜勒法**（徑向速度法）（圖3-04）。

都卜勒法也是一種間接方法，因為它觀測的是來自恆星的光，而不是直接觀測行星。

加拿大天文學家戈登·沃克（1936～）領導的研究團隊，是最先使用都卜勒法狩獵行星的團隊。他們研發了一種可以精確測量恆星都卜勒效應的儀器，自1980年起，花了12年時間觀測了太陽系附近的21顆恆星。

之所以花費了12年進行觀測，是因為太陽本身也會進行以12年為週期的圓周運動。

對太陽的圓周運動影響最大的，是太陽系最大行星的木星的引力。木星大約每12年繞太陽公轉一周，而太陽也會因此發生約以12年為週期的圓周運動。

因此，沃克和他的團隊推斷，如果用跟太陽圓周運動週期相同的時間長度觀測，應該就能探測到擁有行星之恆星的週期性前後晃動。不過，要注意太陽的圓周運動，還會受到木星以外之行星的影響，所以並非是精確的圓周運動。

然而，在分析了21顆恆星的觀測數據後，他們並未發現任何表現出都卜勒效應的恆星晃動。那麼這是否意味著宇宙中不存在系外行星，太陽是唯一擁有行星的恆星呢？

不過1995年，科學家終於發現了第1顆系外行星。它是由2位尚未受到系外行星「常識」汙染的瑞士天文學家發現的。

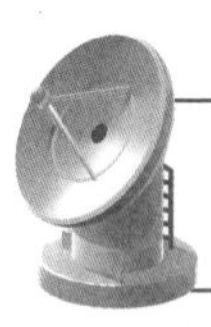

找到的系外行星竟有意想不到的型態！

◉ 終於發現系外行星！

圖3-05　奎洛茲(左)和麥耶(右)

來源：ESO

1995年10月，瑞士的天文學家**米歇爾・麥耶**（Michel Mayor，1942～）以及**迪迪埃・奎洛茲**（Didier Queloz，1966～）首次成功發現了系外行星（圖3-05）。當時，奎若茲還是麥耶的研究室裡頭的學生。

雖然我用了「首次」這個詞，但其實科學家早在1992年便已經發現了一顆繞著**脈衝星**公轉的行星。脈衝星是一種會週期性發射無線電波的恆星，其真面目是由質量非常大的恆星在生命最後階段發生大爆炸形成的超高密度天體，被稱為**中子星**。而這顆行星被認為是在恆星發生大爆炸，也就是恆星死亡後才形成的。另一方面，麥耶和奎洛茲發現的是繞著跟太陽一樣的主序星（通過核融合穩定燃燒的恆星，在第1章有解釋）公轉的行星。

而麥耶和奎洛茲是首位發現繞著像太陽這樣恆星，亦即環繞活著的恆星公轉的系外行星的人。

這顆系外行星是在**飛馬座51星**這顆恆星附近發現的。該恆星是屬於冬季星座飛馬座的一顆5.5等星，距離地球約50光年。而「51」是佛蘭斯蒂德命名法，用來給星座中的主要恆星進行編號，從1、2、3、4……依次排序（此順序起初是隨著赤經的增加而增加，但由於歲差的影響，部分已經不符合順序）。飛馬座51星這個名字，就代表它是飛馬座區域內的主要恆星中的第

51顆星。

麥耶和奎洛茲用都卜勒法觀測到飛馬座51星的前後搖晃，發現這顆星星會以短短4天的週期遠離和接近地球。2人在這顆星星於半年後再次進入可觀測區時，立即重新觀測，最終得出結論，認為應該有一顆質量約木星一半大小的氣態巨行星緊貼著飛馬座51星，並以4天1圈的週期公轉，否則無法解釋此現象（圖3-06）。

圖3-06　緊鄰恆星公轉的系外行星飛馬座51b(左)的想像圖

來源：NASA／JPL-Caltech

然而，在這篇論文的標題中，他們沒有使用「行星」一詞，而使用了「質量類似於木星的伴星」。筆者認為這可能是考慮到系外行星探索的漫長失敗史，才選擇了比較謹慎的措辭。

這顆行星被命名為**飛馬座51b**。字母b表示它是在飛馬座51星上最先發現的行星。系外行星的命名方式是以中心恆星為「A」，然後按照發現的順序（如果同時發現的話則由內向外）用小寫英文字母b、c、d……依次命名。

另外也有一些著名的系外行星擁有自己的專有名稱（用神話等典故命名）。飛馬座51b的專有名稱是「Dimidium」，源自拉丁語的「一半」。此名得於2015年，因為它的大小約為木星的一半。

◉ 對系外行星發現的質疑聲音？

在麥耶等人剛公布此發現時，科學家並未驚訝和讚賞終於有人找到系外行星，反而對系外行星的形態與太陽系行星差異太大而感到困惑，甚至陸續對他們的發現拋出質疑。因為當時的常識認為，根據行星形成理論，像木星這種大小的行星不可能在這麼靠近恆星的位置存在。

我們在第1章解釋了太陽系行星的形成過程。在太陽系原行星盤中，靠近太陽的地方形成了由岩石和金屬組成的微行星，這些微行星通過碰撞和合併形成了由岩石組成的岩石行星。

另一方面，在遠離太陽的地方，形成了除了岩石和金屬，還含有大量冰的巨大微行星，這些微行星合併形成了巨大的原行星，然後這些原行星又繼續合併，並通過強大的重力吸引周圍的氣體，形成了氣態巨行星。這便是目前的理論觀點。

當時人們認為，繞著太陽以外的恆星運行的系外行星，其形成的過程應該也跟太陽系相同。因此，麥耶等人認為有一顆大小約木星一半的氣態巨行星，在相當接近恆星的位置繞著它公轉，這種主張對許多天文學家來說簡直是光怪陸離。

在麥耶等人的論文公布不久後，一位專門研究恆星的知名天文學家便馬上發表論文，指出「他們的發現是錯誤的」。該論文主張，麥耶等人觀測到的都卜勒效應其實是恆星的「脈動」引起的。所謂的脈動，指的是指恆星不斷膨脹和收縮的現象，由於恆星表面不斷靠近又遠離，因此恆星的光可能會產生週期性的都卜勒效應。

◉ 追蹤觀測的重要性

然而，當時同樣在狩獵行星的美國天文學家傑佛瑞．馬西（1954～）和保羅．巴特勒（1960～），迅速對飛馬座51星展開追蹤觀測，結果證明了麥耶等人的觀測結果是正確的。當然，即使確認到恆星的都卜勒效應，也無法推翻恆星脈動理論，因此仍不能確定結論，但由第三方驗證發現在科學上非常重要。

曾經主張恆星脈動是都卜勒效應的原因的研究人員，後來也撤回了自己的觀點。同時，很快也有人根據行星形成理論，提出了巨行星從形成位置移動到恆星附近的想法，支持了飛馬座51星的都卜勒效應是行星造成的觀點。經過此番論戰的結果，飛馬座51b終於被大家認可，成為「最早發現的系外行星」。

事實上，馬西等人比麥耶的團隊更早，早在1988年就開始狩獵行星。然而，由於他們認為系外行星應該會像太陽系的木星那樣，屬於公轉週期很長的行星，因此忽略了短週期公轉產生的都卜勒效應。但在麥耶等人的發現之後，馬西等人意識到宇宙中可能存在著以數天為週期公轉的系外行星，於是急忙重新分析之前收集到的資料。結果，他們發現「大熊座47星」和「處女座70星」等6顆恆星的周圍也有系外行星存在，並在1996年之後陸續發表了這些發現。

正因為馬西等人是行星狩獵的專家，所以他們堅信「木星大小的系外行星，不可能有如此短的公轉周期」，結果反而沒注意到那些以短週期晃動的恆星。另一方面，麥耶和另一位共同研究者安托萬·杜克諾瓦（Antoine Duquennoy）是觀測**聯星**（多顆互相繞轉的恆星）的專家。在聯星之中，2顆恆星以極短週期互相公轉一點也不稀奇。因此，他們沒有被先入為主的觀念束縛，反而成功地發現了系外行星（圖3-07）。

圖3-07　麥耶等人觀測到的飛馬座51星的都卜勒效應數據

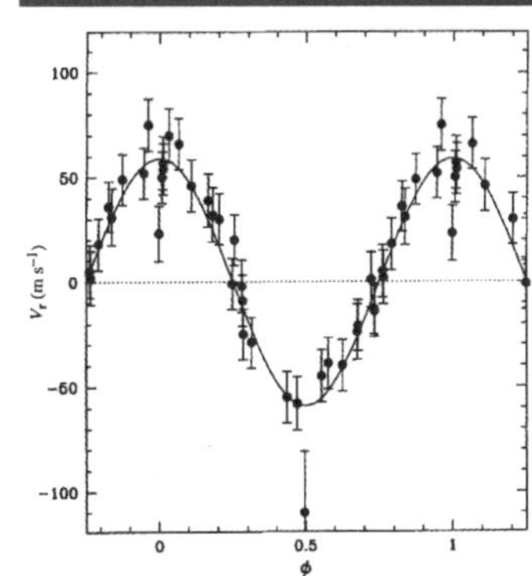

縱軸表示視線方向的速度變化（接近或遠離），橫軸表示時間。橫軸上的周期（從0到1）約為4天。由於數據繪製的是正弦曲線，因此可看出飛馬座51b的軌道幾乎是一個完美的圓形。

來源：Nature

2019年，麥耶和奎洛茲因發現系外行星的成就，而獲頒諾貝爾物理學獎。而到目前(2022年)，科學家發現的系外行星數量已超過5000顆。近25年可說是系外行星的淘金時代。此外，系外行星的發現也是天文生物學這門新學問得以誕生、發展的重要原因。

系外行星的多樣姿態

◉ 發現數量激增的原因

自從1995年發現第1顆（環繞著類似太陽的恆星的）系外行星以來，至今科學界已發現了超過5000顆系外行星。圖3-08是各年份的累計發現數量。

圖3-08　系外行星累計發現數量的變化（截至2022年6月）

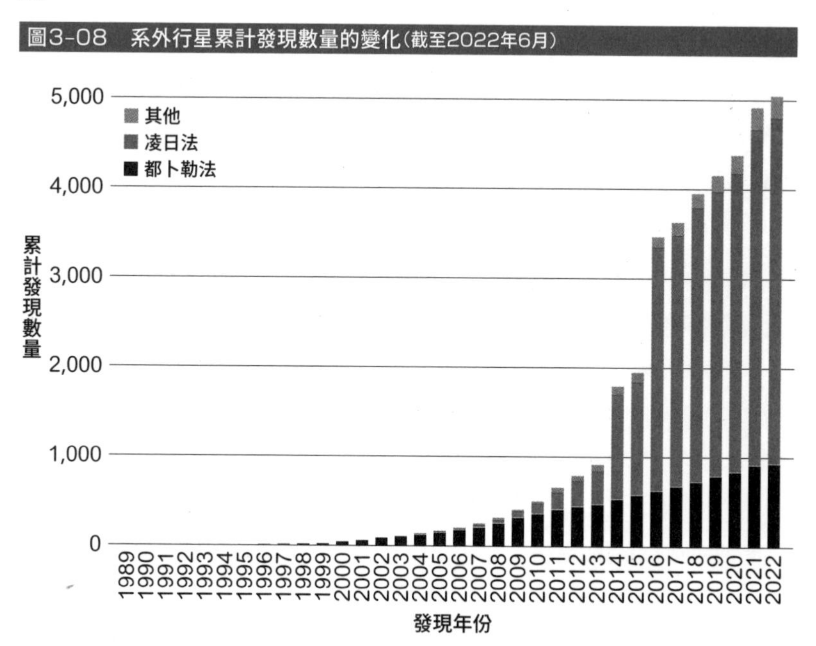

來源：https://exoplanetarchive.ipac.caltech.edu（部分變更）

在1990年代，每年新發現的數量只有幾顆到十幾顆，因此長條圖很小不易辨認。然而進入2000年代後，數量增加到幾十顆，並在2010年代增加到100顆以上。2014年有871顆，2016年更是突出，達到1539顆，累計發現數量大幅增加。

這是因為 NASA 發射了專門探測系外行星的**克卜勒太空望遠鏡**，而在分析和驗證了克卜勒太空望遠鏡收集的數據後，新系外行星的數量一口氣在2014年2月增加到715顆，在2016年5月增加到1285顆。這項俗稱「克卜勒革命」的成就，稍後我們將更詳細地介紹。

從前一頁的長條圖中，根據系外行星是藉由何種方法發現的這點，也可以知道一件事。最一開始的時期，大多數的系外行星都是透過都卜勒法發現的。如同前面提到過的，都卜勒法觀測的是擁有行星的恆星在前後搖晃時，產生的都卜勒效應。包括飛馬座51b 在內，早期發現的大多數系外行星都是通過都卜勒光譜法發現的。

而這樣的情況從2010年左右開始，卻轉變為使用**凌日法**發現的系外行星數量逐年增加，而近幾年的情況，甚至能夠看出都卜勒法與凌日法兩者的發現數量完全地顛倒過來。

凌日法觀測的是，由於系外行星而對於恆星造成「食（eclipses）」的現象。就像月球從太陽和地球中間穿過時，月球影子就會投射到地球上，使得部分或全部的太陽盤面被遮住，這就是大家都知道的日食現象。同樣地，當系外行星從中心恆星和地球之間穿過時，也會由於行星造成的食，而使得恆星的亮度會稍微有點降低。而根據亮度減少的現象來推測行星存在的方法，就稱為凌日法，這也是一種間接法。

而因為克卜勒太空望遠鏡可以一次觀測許多顆恆星，並檢查它們是否存在亮度週期性減少的現象，所以由克卜勒太空望遠鏡發現的所有系外行星，都是用凌日法發現的行星。

而長條圖中，系外行星發現法標示為「其他」類別的方式，則包含了除了都卜勒法和凌日法之外的其他間接法，以及直接觀測系外行星其姿態的「直接法」。關於其他各式各樣的系外行星發現法，我們將會在之後的章節獨立介紹。

圖3-09　已發現之系外行星分類

來源：NASA／JPL-Caltech

◉ 起初發現了大量「異形行星」

接下來，讓我們來看一下已發現的這5000多顆系外行星的大小吧（圖3-09）。

在已發現的系外行星當中，30%是像土星和木星那樣的氣態巨行星，35%則是比氣態巨行星小一圈，類似太陽系中的海王星和天王星那樣的行星。但這些行星之中有些就像飛馬座51b一樣，公轉的軌道非常靠近恆星。

太陽系的木星、土星、天王星和海王星，都是在遠離太陽的地方公轉的寒冷行星，但在恆星附近公轉的行星溫度會變熱，因此被稱為「**熱木星**（Hot Jupiters）」和「**熱海王星**（Hot Neptune）」。熱木星和熱海王星是太陽系中不存在的行星類型。

一般認為熱木星和熱海王星因為離恆星太近，表面溫度會被烤到1000℃以上。而太陽系木星的表面溫度低於零下100℃，相較之下它們簡直就是異形行星。

至於剩下的行星中，31%有極高的可能是大小比地球更大的岩石行星，俗稱「超級地球（super-Earth）」。半徑在地球的1.25倍到2倍之間，質量在與地球相等到地球的10倍之間的岩石行星，通常就會被歸類為超級地球。而超級地球在太陽系中也不存在。剩下的4%則是與地球相似或稍小的岩石行星。

另外，雖然前一頁由NASA製作的那張圖上沒有列出來，但是體積相較於超級地球更大、且相較於海王星更小的行星，又被稱為**迷你海王星**。通常半徑在地球的2～4倍之間，質量在地球的10～30倍之間的行星，會被歸類為迷你海王星。

順帶一提，在系外行星才剛被發現的初期，天文學家們找到的行星，全都是像熱木星這種、在我們太陽系中不存在的「異形行星」。因此天文學家一度懷疑，也許在宇宙中像這種「異形行星」才是多數派，太陽系的行星反而是少數派。

然而，當時的科學家們只找到一顆又一顆的異形行星，其實是有其原因的。因為當一個行星系的恆星附近存在大型行星時，這個行星系會更容易被我們發現。

如果使用都卜勒法的話，當大型行星在距離恆星相當近的位置運行時，由於作用於恆星的強大重力所造成的影響，使恆星產生了明顯的都卜勒效應，故更容易被檢測到。

使用凌日法的時候也是一樣，大型行星在相當靠近恆星的位置掠過恆星時，更容易導致食產生，且恆星的亮度變化也更明顯，使其更容易被發現。所以最初發現的才都是這些異形行星。

近幾年來，隨著觀測精度逐漸提升，使得原本非常難被發現的小型岩石行星，也就是與地球同樣類型的系外行星也陸續被天文學家們發現。這個結果同時代表著，像地球這樣的行星並不罕見，而且在這些行星上完全有可能存在著生命。

◉ 擁有極端橢圓軌道的怪異行星

除了熱木星和超級地球外，科學家還發現了其他太陽系中不存在的其他系外行星類型。

比如有一種令天文學家們大為震驚，擁有極端橢圓軌道，俗稱**離心行星**（Eccentric planet）的系外行星。Eccentric 在天文學上是「橢圓軌道的」之意，但這個字同時也有形容詞「古怪」的意思。

雖然太陽系行星的軌道也都是略呈橢圓，但非常接近正圓。科學家曾經認為，太陽系原行星盤是圓形繞轉，而行星又是在原行星盤上形成，所以行星的軌道理所當然應該接近正圓。

然而，在已經被發現的系外行星中，有許多的軌道都大幅偏離圓形，呈現細長的橢圓形。因此在公轉期間，這些行星跟中心恆星的距離會發生很大的變化。

例如，位於大熊座方向約190光年的系外行星 **HD 80606 b**，它是一顆質量約木星4倍的氣態巨行星，距離中心恆星最近時約0.03天文單位，最遠時約為0.88天文單位。

如果放到太陽系內，它最接近時甚至比水星軌道更靠近（約0.4天文單位），而遠離時大約在金星和地球軌道之間（圖3-10）。順便說一下，HD 是「Henry Draper」星表的縮寫，這份星表記錄了整個天空中從9～10等星大約35萬顆（包括增補版）的恆星。

圖3-10　HD 80606 b的軌道與太陽系的比較

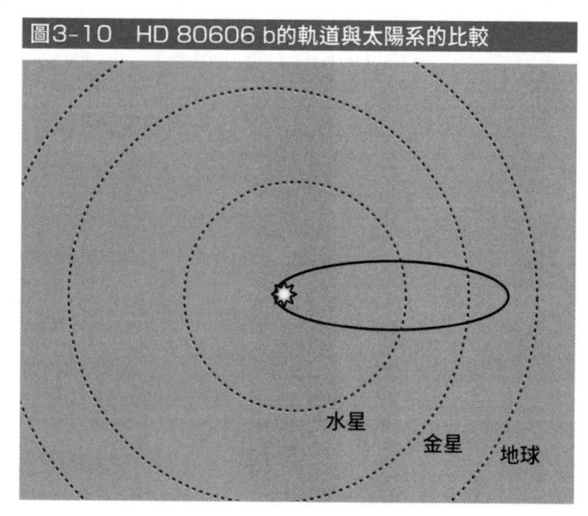

橢圓軌道的扁平程度主要用**離心率**表示。離心率為0就是正圓，愈接近1就是愈扁平的橢圓。HD 80606 b 的離心率約為0.94，跟木星和土星的軌道離心率0.05相比，算是非常高的值。哈雷彗星的軌道離心率是已知最細長的橢圓軌道，約為0.97，因此這顆行星的軌道很類似彗星（短週期彗星）。

科學家認為在這樣的行星上，因為與恆星的距離變化很大，故季節（或類似的東西）的變化也很劇烈。

HD 80606 b的軌道周期約111天，在離恆星最遠時接收到的日照量，就跟地球從太陽接收的日照量差不多。然而科學家發現，當它最接近恆星時，行星表面的溫度會在6小時內從500℃上升到1200℃。這種極端的溫度變化每111天就會循環一次。

很難想像這種行星從剛誕生起就擁有橢圓軌道。行星是由年輕恆星周圍的氣體和塵埃盤（原行星盤）形成的。行星盤中誕生的新生行星，軌道基本上都是圓形的。也就是說，目前認為離心行星應該是在其他行星或伴星的重力相互作用下產生的。

如同下一節將介紹的，我們必須意識到這些行星也有可能不是單獨存在，而是多顆一起存在。

◉ 甚至發現了《星際大戰（港譯：星球大戰）》中出現的行星

隨著系外行星的發現數量增加，科學家發現愈來愈多1顆恆星擁有多顆行星的情況。這種星系被稱為**多行星系統**。既然太陽系中有8顆行星，那麼在其他行星系統中發現多顆行星也很正常。

迄今為止發現最大的多行星系統，是由克卜勒太空望遠鏡發現、在恆星「克卜勒90」周圍繞行的行星系，科學家發現它跟太陽系一樣擁有8顆行星。

後來，科學家還在**聯星**上發現了系外行星。我們的太陽是一顆獨立的**單星**，但宇宙中約有4分之1的恆星是多顆恆星互相環繞的聯星，而且一般認為這個比例在恆星剛誕生的時候還要更高。

例如，全天空中最明亮的恆星（太陽除外）是冬季星座大犬座的1等星天狼星，而天狼星就是一個由2顆恆星組成的聯星。還有像北極星也是由2顆恆星組成的**三重星**，獵戶座的1等參宿七是四重星；南天的南十字星之一的十字架二，則是由5顆恆星複雜圍繞的五重星。而目前已知恆星數最多的聯星（多重星系）是七重星。

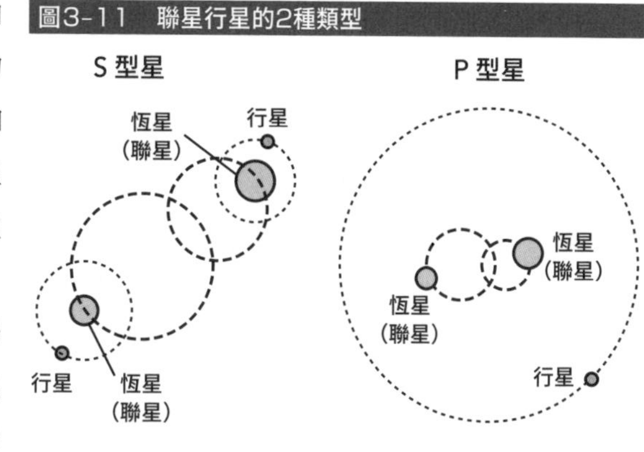

圖3-11　聯星行星的2種類型

而在繞著這種聯星運行的系外行星中，有些只環繞其中1顆恆星公轉，有些則繞著2顆恆星外側公轉。前者被稱為**S 型星**，後者則稱為**P 型星**（或稱為環聯星運轉行）（圖3-11）。

在科幻電影《星際大戰》的第1部（第4章）中，主人公路克·天行者是在虛構行星「塔圖因」上長大。這個行星被設定為P型星，2顆「太陽」在沙漠地平線上落下的場景相當有名。因此，P型星有時也被稱為**塔圖因型行星**。

另一個令研究者驚訝的發現，是由成田憲保博士和約書亞·溫（Joshua N. Winn）等人發現的**逆行行星**。在太陽系中，中心恆星太陽的自轉和八大行星的公轉，方向全都是一致的。考慮到太陽系的形成過程，科學家一直認為這是理所當然的事。

因為原始太陽誕生自旋轉收縮的氣體雲，而行星則又誕生自瀰漫在原始太陽周圍的氣體和塵埃的旋轉盤中。因此，科學家推測系外行星也一樣，應該只存在公轉方向與中心恆星自轉方向相同的「順行行星」。然而，最近卻發現了許多公轉方向與中心星的自轉方向垂直，或者自轉方向完全相反的系外行星。

除此之外，科學家還發現了不在恆星周圍公轉，而是飄流在宇宙中的**流浪行星**。關於流浪行星的部分，我們之後再另外介紹。

◉ 這麼多樣的系外行星是如何誕生的？

這麼多樣的系外行星究竟是如何形成的呢？早先的行星形成理論，主要是基於用於解釋太陽系的行星形成過程的京都模型，這點我們在第1章介紹過。然而，正因為是以太陽系為藍本，所以這個理論無法很好地解釋太陽系中不存在的行星類型。

目前，科學界正努力建立一個可以統一解釋包括太陽系行星和所有系外行星在內的行星形成理論。而其中的關鍵因素，被認為是原行星盤（以下簡稱「行星盤」）的質量。

在包含我們的太陽系在內的巨大恆星集團——銀河系中，現在仍不斷有許多新的恆星誕生，而這些恆星的周圍都擁有行星盤。根據觀測這些行星盤後得到的數據，行星盤的質量可分為高達中心恆星質量10分之1的「重行星盤」，以及質量僅有中心恆星質量1000分之1的「輕行星盤」。而太陽系在誕生時，行星盤質量推測約為太陽質量的100分之1，屬於標準質量的行星盤。

有一種理論認為，當行星盤質量較大時，外側形成的氣態巨行星會逐漸向內側掉落，這個現象叫**行星遷移**。行星盤內的塵埃會跟氣體發生摩擦，一邊畫出螺旋軌跡，一邊被拖向中心恆星，使氣態巨行星也跟著向內移動。而這最終就形成了緊貼著恆星公轉的熱木星，此理論目前被認為是最有力的解釋。

同時，行星盤的質量愈重的話，就會產生愈多顆氣態巨行星，但當形成3顆以上的氣態巨行星時，它們彼此之間的重力會使運行軌道不穩定，而讓原本的橢圓形軌道崩壞，並使得軌道上的氣態巨行星之間大幅地靠近。其結果，其中1顆氣態巨行星就可能會被彈飛到行星系外，變成沒有恆星（主星）的流浪行星。在此理論中，行星系內剩下的行星，則會變成擁有極端橢圓軌道的離心行星。

至於逆行行星，最初在行星盤內的公轉方向應該是跟恆星自轉方向一致的。然而，當行星盤內形成多顆氣態巨行星，導致軌道不穩定而形成極端橢圓軌道後，軌道面可能會沿著橢圓的長軸方向（狹長方向）旋轉180度，結果就形成逆行行星。

各式各樣運用間接方式偵測系外行星的方法

◉ 利用都卜勒法偵測系外行星的黃金時代

本節，我們將更詳細介紹系外行星的各種發現與觀測方法中的**間接法**。前面已經介紹過，系外行星觀測方法有直接法和間接法2類。直接法就是直接捕捉系外行星的光，但要看見待在明亮恆星旁邊的行星的光，在當時是非常困難的。

因此，有很長一段時間，科學家主要使用間接法，利用各種方式尋找行星的存在對於恆星的影響。

間接法中最代表性的2種觀測方法，就是前面已經多次提及的都卜勒法和凌日法。前者是測量恆星靠近和遠離地球時的速度變化，而後者是測量恆星亮度的變化。

從1995年首次發現系外行星及其前夕，一直到2010年左右，乃是使用**都卜勒法**探測系外行星的黃金時代。直到2010年前累計發現的大約500顆系外行星中，約有八成是用都卜勒法發現的（參考前面的圖3-08）。其中由麥耶領導的瑞士團隊，以及馬西領導的加利福尼亞團隊更是領先世界。日本最早發現的系外行星（2003年由東京工業大學的佐藤文衛博士團隊），也是使用岡山天體物理觀測所的光譜儀通過都卜勒法找到的。當然，都卜勒法在今天仍然是重要的系外行星探測方法，但下一節要介紹的另一種方法如今更加普及。

話說在都卜勒法的觀測中，可以透過恆星的速度（徑向速度）及其變動週期來推估**系外行星的質量**。恆星的速度愈快，就愈能看出有一顆大質量的行星在用力甩動它。

然而，由於無法確定行星的軌道平面相對於地球的傾斜角度，因此只能算出行星質量的**下限值**。如果從地球看過去，觀測者剛好位於該行星軌道平面的正上方（或正下方），雖然恆星在上下左右方向會有較大的運動，但前後（視線方向）的距離卻不會改變。因此，恆星實際的運動速度可能比地球看到的徑向速度更快。

◉ 凌日法的崛起與興盛

另一方面，前面說過**凌日法**尋找的是行星對恆星造成的「食」。當行星通過恆星的前面（凌日）時，檢測到的恆星亮度稍微降低（圖3-12）。

圖3-12 凌日法的原理

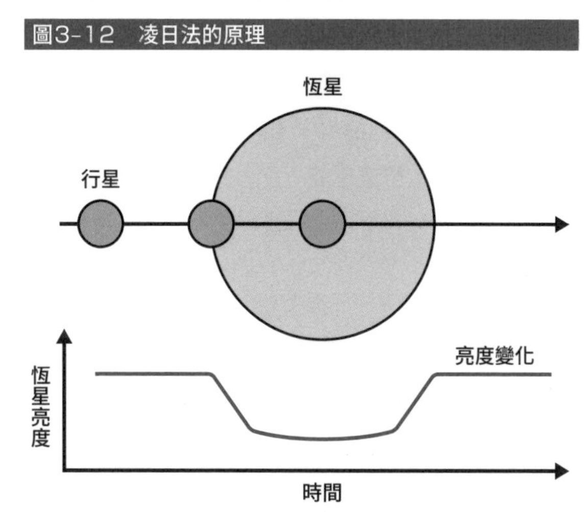

要觀測到凌日現象，觀測者跟欲觀測之行星的軌道平面必須幾乎一致（也就是從正側面觀察軌道）。其機率取決於恆星和行星之間的距離（距離愈近機率愈高）以及恆星的大小（恆星愈大機率愈高）。而這種機率一般來說非常低，即使是像飛馬座51b這種恆星和系外行星距離很近的情況，機率也只有大約10%左右。

第一次觀測到並有報告的系外行星凌日現象，發生在2000年。當時，科學家已在一顆名為 **HD 209458**（飛馬座 V376）的恆星上，通過都卜勒法找到一顆公轉週期僅3.5天的熱木星 HD 209458 b。當這顆行星預計將通過恆星前方時，2個獨立的美國研究團隊分別確認到該恆星的亮度減少了1.5%。

凌日法不像都卜勒法那樣需要高科技的觀測設備。在觀測 HD 209458 的亮度降低現象時，其中一個團隊使用的是口徑僅有10㎝，安裝在天文台停車場上的小望遠鏡。比起設備，更重要的是觀測大範圍天球的能力。由於系外行星發生凌日的機會較低，所以需要使用多個望遠鏡來捕捉廣大的範圍，同時監視多顆恆星。

此外，光憑單一位置的天文台望遠鏡，沒辦法連續24小時追蹤恆星的亮度變化。因此在使用凌日法進行觀測時，需要全球許多業餘天文觀測者一起參與。

然而，受限於大氣湍流的影響，從地面上觀測時，無法精確測量恆星亮度的變化。為了克服這個問題，科學家開始將望遠鏡送入太空，試圖在觀測時完全排除大氣層的影響。

2006年，歐洲發射了 **CoRoT 衛星**（圖3-13），而 NASA 則在2009年發射了**克卜勒太空望遠鏡**，正式展開觀測。其中克卜勒太空望遠鏡的凌日法觀測，使得系外行星探索取得巨大的進展，其發現的系外行星數量遠遠超過了都卜勒法。

圖3-13　觀測系外行星的CoRoT衛星想像圖

來源：CNES／D. Ducros

◉ 結合2種偵測法的最強組合技

使用凌日法發現的系外行星，可以根據凌日時的亮度降低程度，計算出行星相對於恆星截面積的比例。另一方面，由於恆星的大小可以根據恆星的亮色和強度在理論上預測，因此也可以從截面積的比例計算出行星的大小（直徑）。例如最初用凌日法發現的系外行星 HD 209458 b，它的大小約為木星的1.6倍。

不僅如此，如果這顆行星也能用都卜勒法發現，那更是再好也不過。前面說過，都卜勒法僅能推算出行星質量的下限值。不過，如果這顆行星會發生凌日現象，就代表從地球上來看，我們幾乎是從正側面在觀察行星軌道平面。在這種情況下，由於恆星的徑向速度變化與實際運動速度變化幾乎相同，因此可以精確地計算出行星的質量（而不僅僅是下限值）。

而行星的大小和質量一旦確定，就能計算出行星的密度，進而判定這顆行星是岩石行星還是氣態巨行星。例如計算結果顯示 HD 209458 b 的密度小於木星，因此能夠確定它是氣態巨行星。

此外，藉由結合都卜勒法和凌日法，還可以得知行星軌道平面相對於恆星軌道平面的傾斜度。方法是在凌日現象發生時，使用都卜勒法進行觀測。如此一來，除了能夠觀察到行星存在引起的恆星週期運動外，還可以看到行星通過恆星前面時的「影子」對恆星自轉運動的影響。逆行行星就是用這種方法發現的。詳細內容請參見本章的最後。

除此之外，凌日法還可以利用行星大氣會吸收一部分恆星光線的性質，來得知有關行星大氣組成的信息。換句話說，如果只有在凌日時才能偵測到特定的原子或分子，就代表這些原子或分子存在於行星的大氣中。近年科學界看中了這點，正如火如荼地使用凌日法研究系外行星的大氣。

都卜勒法和凌日法一直是尋找系外行星的2種主要方法，但兩者都有一個特點，那就是行星的質量愈大愈容易發現。這項特性在尋找地球尺寸的小型行星，以及尋找可能有生命存在的類地行星時，其實不太有利。不過現在科學家正著手用紅外線取代可見光，也就是利用紅外線的都卜勒法，尋找比太陽更輕且擁有耀眼紅外線之恆星周圍的類地行星，這點我們稍後也會再進一步介紹。

◉ 漸受關注的「第3種間接偵測法」

另一種被認為未來將日益重要的間接法，是**微重力透鏡法**（或稱微透鏡法）。

很多人以為恆星之間的相對位置是固定不變的，但實際並非如此。恆星會以大約2億年1圈的時間在銀河系中繞行，而且各自朝著獨特的方向運動。因此從地球觀察時，有時候會發生2顆恆星暫時重疊在一起，然後過一會兒再度分開的情況。

當遠方的恆星（光源星）與前方的恆星（透鏡星）幾乎重疊在一直線上時，前方的恆星就會像一個小透鏡，令遠方恆星的亮度暫時變強。這是因為像恆星這種擁有巨大質量的天體會扭曲周圍的時空，而光線通過這片區域時也會跟著彎曲。這種現象就叫**微重力透鏡**。

而當扮演透鏡角色的前方恆星擁有行星時，亮度增強的方式會變得更加複雜（圖3-14）。而利用這個特性來尋找系外行星的方法，就叫微重力透鏡法。

從地球觀察時，所有的恆星看起來幾乎都只有一個小點，

圖3-14　微重力透鏡法的原理

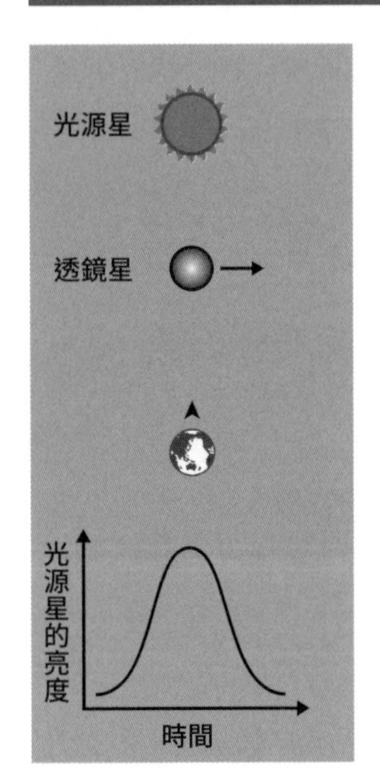

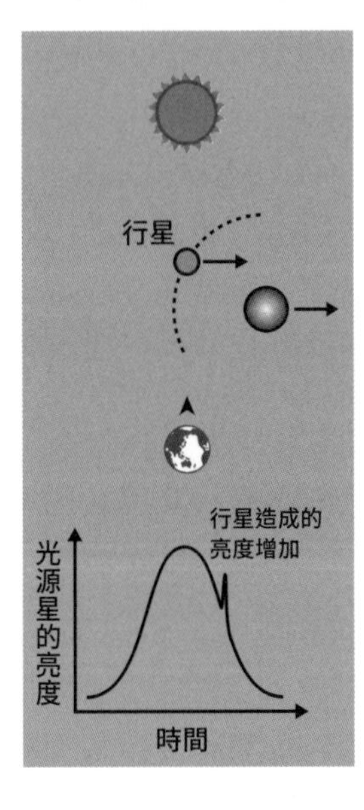

因此恆星要恰好排在一直線上並發生微重力透鏡現象，機率非常非常低。然而，如果一次觀測數百萬顆恆星，就有可能在其中幾顆恆星的亮度變化中，找到微重力透鏡效應。自2004年的首起觀測報告以來，至今（2022年）已經有大約180顆系外行星，是透過微重力透鏡法發現的。

這種方法的一大特點，是不需要觀測擁有行星的恆星光線（觀測的是光源星的光）。因此，此方法也有可能發現飄浮在銀河系中，沒有主星的流浪行星（此時這些流浪行星是透鏡星）。可用微重力透鏡法大規模探測系外行星的羅曼太空望遠鏡（後述），也預定將於2027年前後發射升空。

克卜勒太空望遠鏡帶來的系外行星探測革命

◉ 使系外行星發現數量飛躍性上升的克卜勒太空望遠鏡

迄今為止發現的5000顆多系外行星中，有超過半數，即約2600顆是由 NASA 的**克卜勒太空望遠鏡**（圖3-15）發現的。本節就讓我們詳細介紹一下這項劃時代的成就。

圖3-15　觀測系外行星的克卜勒太空望遠鏡(想像圖)

來源：NASA Ames／W Stenzel

克卜勒太空望遠鏡是一顆專門運用凌日法尋找系外行星的衛星。它於2009年3月發射升空，被投放在繞著太陽公轉的軌道上，追隨地球的運行軌跡。

衛星上搭載了一架大口徑的95㎝太空望遠鏡，可以監測天鵝座方向約1個拳頭大小的範圍（視野約4個方向各10度，相當於整個天空的0.25%左右），並連續4年監測了超過10萬顆恆星（圖3-16）。由於這是一架不受地球大氣干擾的太空望遠鏡，因此可以做到從地面上觀測時難以實現的事情，以超高精度測量恆星亮度變化，也有望檢測到由地球大小的小型行星造成的食現象。

在2008年，即克卜勒太空望遠鏡升空的前一年，已發現的系外行星累計約300顆，其中大約50顆是用凌日法發現的。然而在2011年，在分析過克卜勒太空望遠鏡升空後頭4個月的觀測資料後，NASA 宣布新發現了1235顆可能是系外行星的候選天體。

圖3-16　克卜勒太空望遠鏡的觀測區域

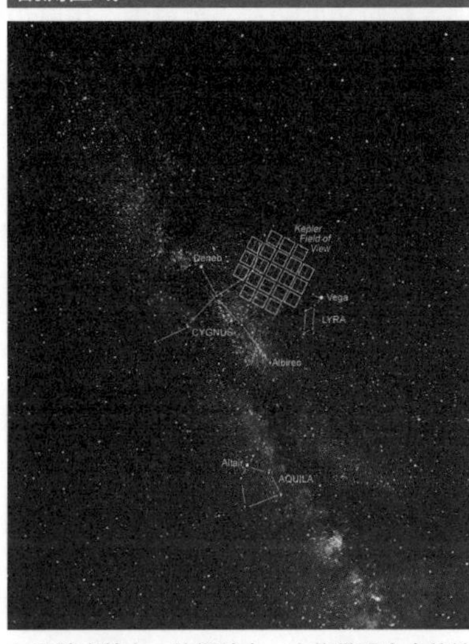

在天鵝座其中一片翅膀上，大約拳頭大小的範圍內觀察到了超過10萬顆恆星。亮度高的恆星被刻意調整到42個CCD的縫隙間，使望遠鏡可以捕捉到黯淡恆星發出的微弱亮度變化。

來源：Carter Roberts

之所以稱為候選天體，是因為還沒有確切證據證明它們屬於系外行星。恆星中存在著一種亮度偶爾會發生變化（此變化與行星造成的凌日現象無關）的天體，名為**變星**。而克卜勒太空望遠鏡也會檢測到這些恆星，因此需要進一步透過地面觀測站複驗，才能確認它們是不是系外行星。

克卜勒太空望遠鏡最初發現的1235顆候選天體，在經過後續觀測後幾乎全部確定是真正的系外行星。

在此之前，每天頂多只能發現幾顆到幾十顆系外行星，但克卜勒太空望遠鏡問世後，系外行星的發現數一口氣上升到了4位數。可以說是一場真正的「克卜勒革命」。

◉ 在發生故障後仍啓動新任務

之後克卜勒太空望遠鏡繼續順利地進行觀測，直到在2013年迎來了一場挑戰。

當時克卜勒太空望遠鏡上用於精密控制衛星姿態的4組反應輪中，其中2組相繼發生故障，導致衛星無法繼續進行觀測。

於是，NASA在2014年啟動了代號**K2任務**的延長任務。NASA決定放棄持續觀測天鵝座區域，轉而每約3個月切換一次觀測區域，繼續探索系外行星。

包括這次延長任務在內，克卜勒太空望遠鏡一共觀測過約53萬顆恆星，並持續在尋找新的系外行星。

到了2018年10月，克卜勒太空望遠鏡的燃料用盡，NASA終於宣布將結束克卜勒的觀測任務。然而，克卜勒太空望遠鏡留下的觀測數據非常龐大，未來將繼續用超過10年的時間持續分析數據，從中尋找新的系外行星。

此外，目前也還剩下許多仍處於「候選」階段的天體，因此由克卜勒太空望遠鏡發現的系外行星數量，今後仍會持續增加。

◉ 後繼機種TESS發射升空

而克卜勒太空望遠鏡的後繼者——**TESS**，近年的活躍表現也令人注目（圖3-17）。

圖3-17　尋找系外行星的TESS衛星想像圖

來源：NASA's Goddard Space Flight Center

TESS的正式名稱是Transiting Exoplanet Survey Satellite（凌日系外行星巡天衛星），一如其名，它也是一顆利用凌日法來探測系外行星的太空望遠鏡。TESS由麻省理工學院（MIT）的團隊設計，由

NASA在2018年4月發射升空。

雖說是後繼機種，但TESS與克卜勒太空望遠鏡在許多方面都有很大的不同。不同於克卜勒太空望遠鏡持續觀測天空的特定區域，TESS使用4台廣角CCD相機觀測特定的恆星群，每次觀測最少持續27天，覆蓋了整個天空約85%的區域。

此外，克卜勒太空望遠鏡主要尋找的是，距離地球超過500光年的遙遠恆星上的系外行星。而距離較遠處的恆星往往較暗，因此要計算系外行星的質量和推測大氣成分，通常相當困難。然而，TESS探測的恆星距離地球較近，大約在30至300光年之間，因此有望通過後續追蹤觀測取得行星的詳細資訊。

只不過，由於TESS存在分辨率和觀測時長等限制，只能用來尋找行星的候選天體。為此必須借助地面望遠鏡對發現的候選行星進行詳細觀測，驗證這些天體到底是不是系外行星。

截至2022年6月，TESS已發現了約300顆系外行星，同時還有4000多顆可能是行星的候選天體正等待確認。

◉ 靠近太陽系且可能擁有海洋的系外行星？

下面介紹一項TESS跟地面望遠鏡合作達成的最新成果。

2021年12月，由福井曉彥博士和成田憲保博士等人代表的東京大學和日本天文生物學中心的研究員組成的研究團隊，透過TESS和地面望遠鏡的合作，成功在太陽系附近（138光年遠處）發現了新的系外行星「TOI-2285 b」。

這顆行星的大小約為地球的1.7倍，以27天的週期繞著位於仙王座的恆星（TOI-2285）公轉。

研究團隊首先驗證了TESS發現的這顆系外行星候選，是否為真正的行星。由於他們事先開發了3台能用多個波長同時觀測凌日現象的特殊裝置「MuSCAT」系列，並將它們安裝在日本國內外的3台望遠鏡上，因此搶先全球確認了 TOI-2285 b 是一顆行星。此外，此團隊還使用了搭載在昴星團望遠鏡上，全世界少數幾台可以精密檢測行星質量的新型光譜儀「IRD」（詳細參見第4章），成功地得到了該行星質量的上限值（相當於地球質量的19倍）。

TOI-2285 b 與中心恆星的距離，約為地球與太陽距離的7分之1，但由於它的恆星溫度比太陽低，故 TOI-2285 b 從恆星接收到的日照量估計是地球日照量的大約1.5倍。

跟之前發現的許多系外行星相比，這個日照量算是相對溫和的，但若 TOI-2285 b 跟地球一樣是一顆只有稀薄大氣的岩石行星，那麼這種日照強度將迅速蒸發掉行星表面的水。但另一方面，假如行星內部存在水層，而且外部被以氫為主的大氣所覆蓋，那麼一部分的水仍有可能以液態形式穩定存在。

這次，研究團隊假定上述的內部組成，並進行了 TOI-2285 b 內部溫度和壓力的模擬，結果確實顯示行星表層可能有液態水（海洋）存在（圖3-18）。

圖3-18　擁有氫氣大氣和水（海洋）的系外行星想像圖

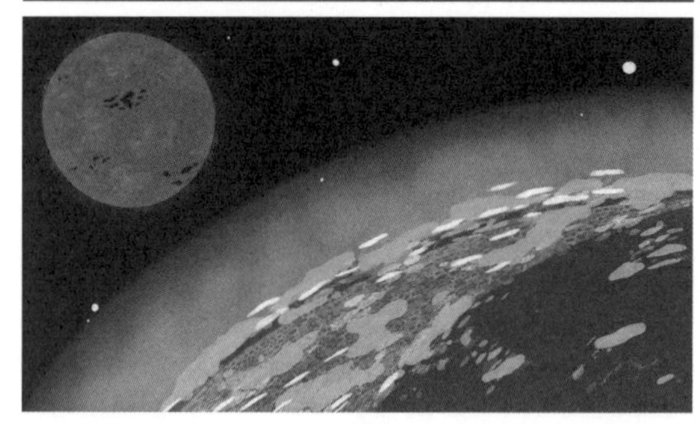

來源：SASAMI-GEO-SCIENCE, inc.

為了確定 TOI-2285 b 表面是否真的存在液態水，今後還需要精確測量行星質量，並結合已知行星的半徑和日照量等資訊，來縮小其內部組成的可能範圍。

雖然這次研究僅得到了行星質量的上限值，但未來的進一步觀測有望測量出行星的準確質量，繼而找出這顆行星的內部組成結構。

另外，利用詹姆斯·韋伯太空望遠鏡等下一代望遠鏡，未來也有望透過探測行星的大氣組成來得知其中是否存在水之類的分子。TOI-2285 b 的發現與未來的研究進展，將是探索「系外行星生命存在」的重要一步。

系外行星探測的主要成果

◉ 幾乎所有恆星皆存在行星

在第3章的最後，讓我們來總結一下近4分之1個世紀的系外行星探索取得的成果吧。主要的成果可以歸納為4點。

圖3-19　至少擁有1顆行星的恆星比例（按行星種類排列）

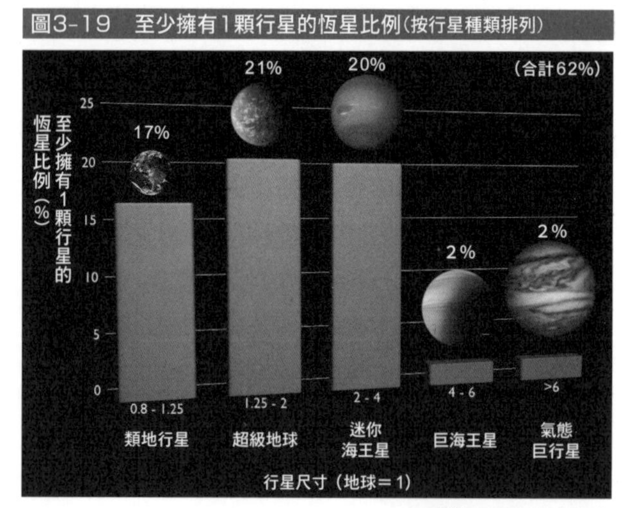

來源：F. Fressin（CfA）

第1個的成果，是「**幾乎所有恆星皆擁有行星**」。圖3-19中是至少擁有1顆行星的恆星比例，並按行星的種類分類。以圖表最左側的類地行星為例，至少有17％的恆星擁有類地行星；而有20%以上的恆星擁有超級地球或迷你海王星。

前面提過很多次，最初發現系外行星時，科學家找到的全是熱木星這種氣態巨行星。但從這張圖表可以看出，擁有氣態巨行星或巨海王星（大型冰巨行星）的恆星比例，實際上反而較少。類地行星到氣態巨行星全部加起來的總占比是62%，但根據過去和現在的觀測精度，可能還有很多未被發現的系外行星。考慮到這一點，我們可以大膽地判斷「幾乎所有恆星皆擁有行星」。

此外從這張圖表還可以看出「**像類地行星這樣的小質量行星在宇宙中比**

例更高」。考慮到都卜勒法和凌日法更容易發現較大質量和體積的行星，類地行星的比例理應比這張圖中呈現的數據還要更高。這大幅增加了科學家對尋找可孕育生命的「第二、第三地球」的信心和期待。

◉ 系外行星的內部結構和大氣成分也十分多樣

前面說過，系外行星中存在很多太陽系沒有的各類型行星。只要知道行星的大小和質量，我們就可以推測出行星的密度，繼而推斷行星的內部結構。我們可以參考太陽系中各行星的組成結構，來推測出這些行星是由岩石組成還是由氣體組成，含有多少鐵，又含有多少水等等。不僅如此，我們還可以推測出這些行星是否擁有大氣層。

而在研究過這些數據後，科學家得知「**系外行星的內部結構和大氣組成非常多樣化**」，這便是第2個成果。例如科學家發現，圍繞恆星 Kepler-51 的3顆系外行星，明明質量僅有數顆地球大（約海王星的一半），但有的直徑卻跟土星或木星一樣大（圖3-20）。太陽系中密度最低的行星是土星，其平均密度為每cm³約0.7g。由於土星的密度比水還小，因此經常有人開玩笑說「土星可以浮在水上」。然而，Kepler-51的3顆系外行星，每cm³的密度全部都沒有超過0.1g（0.033～0.068g）低得相當驚人。NASA 用「棉花糖」來形容這些行星。目前尚不清楚它們密度

圖3-20 Kepler-51的行星（上排，想像圖）與太陽系行星（下排）之比較

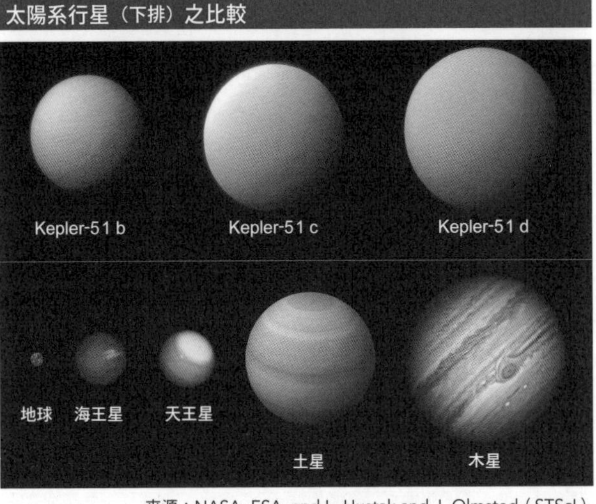

來源：NASA, ESA, and L. Hustak and J. Olmsted（STScI）

這麼低的原因，但由於 Kepler-51及其系外行星都是很年輕的天體，故科學家推測這可能是因為它們仍處於發育完成前的過渡期。

◉ 開始發現宜居的系外行星

第3個成果是「**開始發現能孕育生命的適居行星**」，至此我們終於要進入天文生物學的熱門主題了。

科學家推測，系外行星中能孕育生命的，應該不是像木星那樣的氣態巨行星，而是小型的類地行星或超級地球。而在類地行星中，又只有位於恆星的**適居帶**上，可存在液態水的小型行星屬於適居行星。

在克卜勒太空望遠鏡發現的眾多系外行星中，約有100顆處於中心恆星的適居帶內，其中24顆被認為是半徑在地球2倍以內的大型行星。然而，由於克卜勒太空望遠鏡發現的系外行星都距離地球很遙遠，所以很難用地面望遠鏡進行詳細追蹤觀測，確定它們是不是適居行星。

圖3-21　Kepler-452行星系和Kepler-186行星系跟太陽系的比較圖

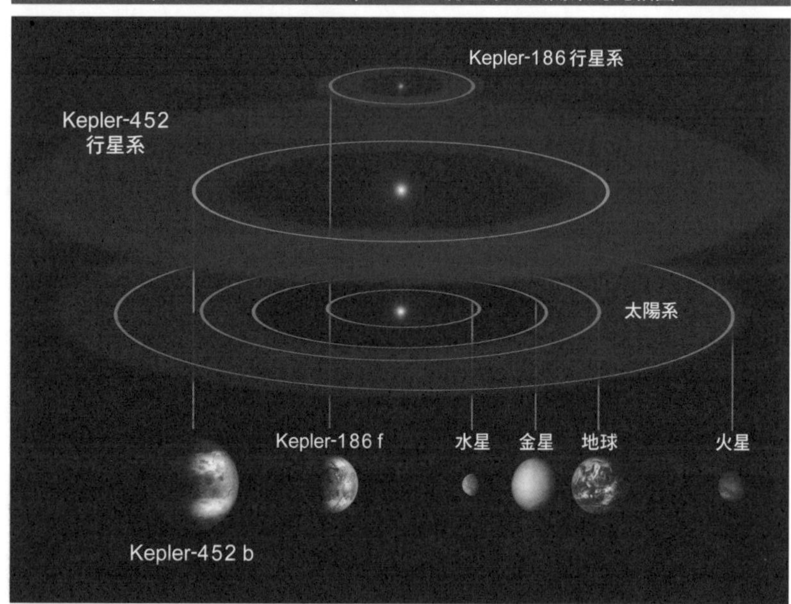

來源：NASA

目前長得跟地球最像，甚至有「地球雙胞胎」之稱的系外行星是 **Kepler-452 b**。它繞著一顆位於天鵝座方向、距離地球約1400光年，跟太陽十分相似的恆星 Kepler-452公轉。該行星的半徑估計約為地球的1.6倍，且位於恆星的適居帶內。另一方面，**Kepler-186 f** 是在距離地球約580光年的黯淡恆星（紅矮星）Kepler-186周圍發現的系外行星。該行星的半徑推估是地球的1.1倍，並位於恆星的適居帶內。儘管這顆行星的大小跟地球相似，但因為它的母親（恆星）類型不同，因此 Kepler-186f 又被稱為「地球的表親」（圖3-21）。

◉ 展開類地行星的性質調查

由於克卜勒太空望遠鏡發現的系外行星距離地球很遠，因此即便是適居行星（位於適居帶內的小型岩石行星），也很難用地面望遠鏡確認上面是否真的有水存在。因此第4項成果，便是促進科學界「**開始尋找距離地球較近的類地行星，並詳細研究它們的性質**」。以下讓我們介紹其中一項成果。

在超過5000顆的系外行星中，最有名的一顆便是位於水瓶座方向，距離地球僅有40光年的 **TRAPPIST-1** 行星系。TRAPPIST-1的半徑雖然只比木星稍大（質量是木星的84倍），卻是一顆靠核融合發光的 **M 型主序星**。這是一種非常小且暗淡的恆星。2015年，由比利時天文學家組成的研究團隊，利用摩洛哥的 TRAPPIST 望遠鏡（Transiting Planets and Planetesimals Small Telescope）在這顆恆星的周圍發現了3顆系外行星。隨後又在2017年追加發現了4顆系外行星，確認這是一個由7顆行星組成的多行星系統。這些行星都是類地行星，而且7顆中有3顆（TRAPPIST-1 e、f、g）位於適居帶內。於是 TRAPPIST-1行星系成為「第二地球」的有力候選者，而一夕成名（圖3-22）。

要判斷這些行星是否真的有生命存在，還必須詳細調查它們的質量、大氣、軌道等性質。但由於類地行星非常嬌小，要調查它們的性質並不是一件容易的事。

圖3-22　TRAPPIST-1行星系的想像圖

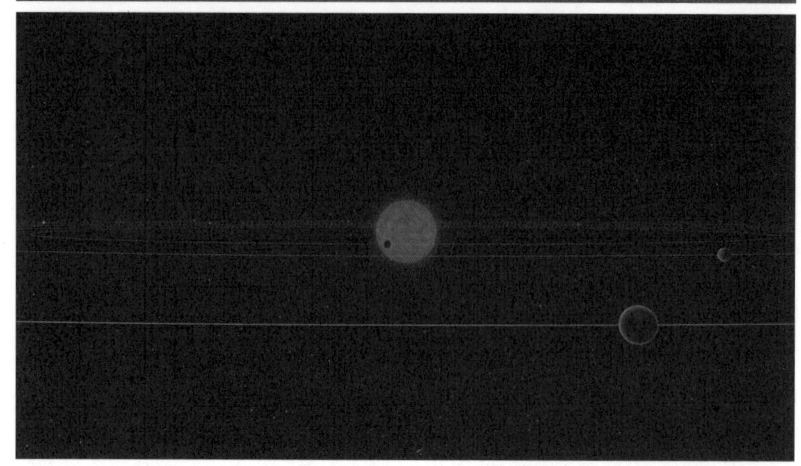

圖中描繪的為7顆系外行星中，其中4顆的軌道。

來源：日本國立天文台

由平野照幸博士等東京工業大學和日本天文生物學中心等機構的研究者組成的團隊，利用前一節提到的昴星團望遠鏡的新型光譜儀 IRD，觀測了環繞 TRAPPIST-1的3顆行星（TRAPPIST-1 b、e、f）的凌日現象。

然後他們分析了一種叫「羅斯特 - 麥克勞克林效應」的現象，發現 TRAPPIST-1的自轉軸幾乎跟行星的公轉軸一致，並於2020年5月發表了這項結果（圖3-23）。本次觀測的3顆行星中，有2顆（TRAPPIST-1 e、f）是位於適居帶內的類地行星，而透過本次觀測，科學界首次找出了適居帶內的太陽系外行星的軌道傾斜角度。

如果行星的公轉軸非常傾斜，意味著軌道相比類地行星誕生時的狀態遭受過極大的擾動。依照擾動的情況，生命的誕生和演化可能會變得相當困難。

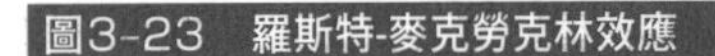

圖3-23 羅斯特-麥克勞克林效應

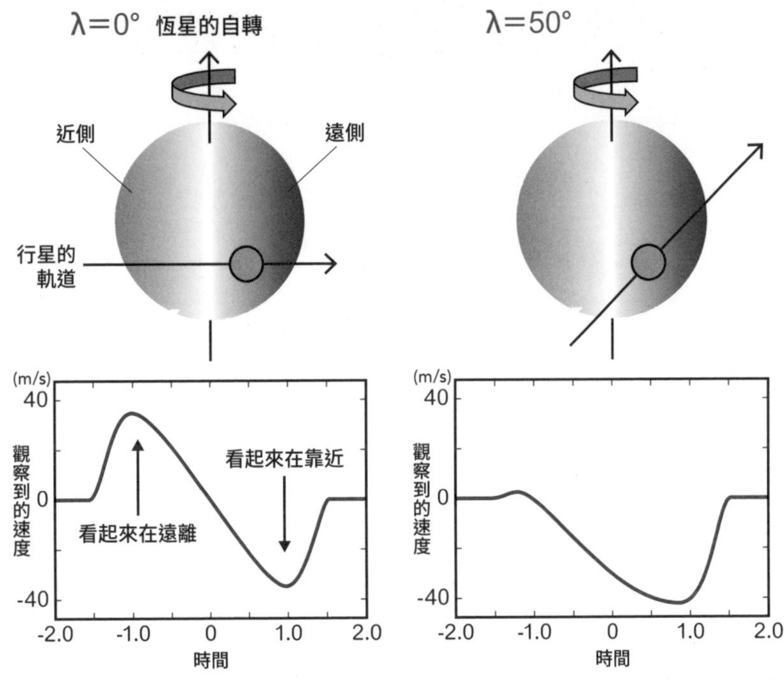

在凌日期間觀測恆星的光譜，有時會看見恆星視線方向的速度變化。這是因恆星自轉而產生的觀測效應，稱為羅斯特-麥克勞克林效應。藉由分析羅斯特-麥克勞克林效應，即可推算出恆星自轉軸與凌日行星公轉軸之間的夾角。

來源：日本物理學會誌

第4章

我們能找到有生命存在的系外行星嗎？

好想直接觀測系外行星的光！

◉ 直接觀測系外行星的難度

在第3章，我們介紹了系外行星探測的歷史，以及迄今取得的成果。而在第4章，我們將介紹探測系外行星生命的故事。

想了解系外行星是否存在生命，就必須使用**直接法**觀測系外行星表面發出的光。

目前為止我們主要依靠都卜勒法和凌日法等間接法探測系外行星，但這種方法只是透過觀察行星存在對於恆星的影響來推測系外行星的性質，不足以幫助我們探索行星的特性。

另外，我們在第3章說過，透過凌日法也可以利用行星大氣會吸收部分恆星光線的現象，來間接得知行星大氣的成分。然而這種方法僅能探測行星大氣的上層部分，無法得知行星表面的狀況。相反地，若用直接法觀測的話，我們便能觀察行星表面反射的光，從而分析容納生命的行星表面附近的光線。

然而，想要直接觀測系外行星非常困難，這是因為一架望遠鏡必須同時兼具：

①可探測到暗淡行星的**高感光度**

②可看見距離地球相當遠，且緊鄰著恆星之行星的**高解析度**

③可抑制附近恆星的明亮光線對於行星之影響的**高對比度**

以上這3點才行。

◉ 銳化模糊圖片的自適應光學技術的威力

第1個難關是「實現高感光度」，關於這點可以使用大口徑的鏡頭來突破。要觀測到暗淡的天體，就必須收集更多的光，因此要使用大口徑的望遠鏡。

例如，日本在夏威夷建造的**昴星團望遠鏡**，其口徑為8.2m，可以充分捕捉到比恆星暗淡得多的系外行星的光。

第2個難關則是「實現高解析度（高視力）」，而單靠昴星團望遠鏡無法解決這個問題。對於地面望遠鏡，包括昴星團望遠鏡在內，最大的敵人是地球的大氣。地球大氣的晃動會令天體影像變得模糊，使望遠鏡無法分離相鄰的恆星和行星影像。

但昴星團望遠鏡有一個可靠的盟友，那就是可以即時校正大氣的波動的**自適應光學系統**。讓我們來解釋一下它的原理。

圖4-01　使用雷射導引星校正影像的昴星團望遠鏡自適應光學系統模式圖

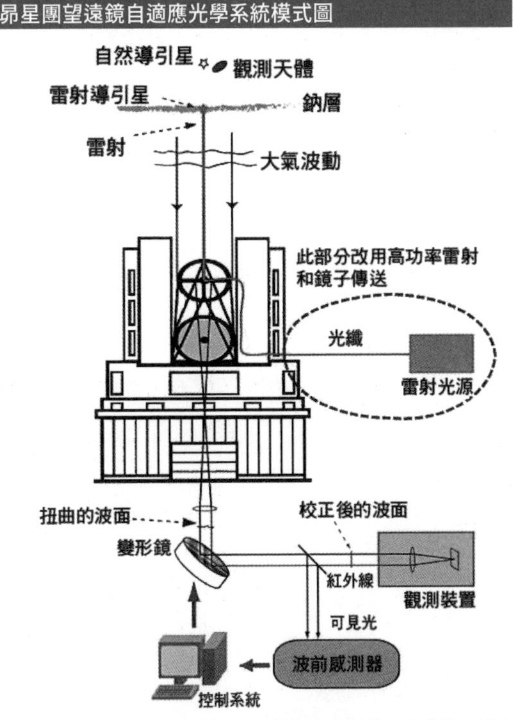

從望遠鏡的副鏡背面發射雷射，在觀測天體的方向上產生一顆人造導引星，以波前感測器測定光源的波動程度，再用變形鏡加以校正。2022年3月升級了雷射光源和傳輸雷射的光學系統（虛線圓圈內），可以生成更明亮穩定的雷射導引星。

來源：日本國立天文台

天體的光在宇宙空間中是直線前進，但在進入地球的大氣層後會發生折射。而且折射的程度會隨地點和時間變化，使得光的行進路線變得歪歪扭扭。這就叫大氣的波動。即使用望遠鏡收集這樣的光，也只會得到模糊的影像。而自適應光學系統可以將這些亂掉的光恢復原狀，獲得清晰的影像。

昴星團望遠鏡會從望遠鏡發射雷射光，在高度約90km的大氣層製造一顆會發光的人造導引星（另外也常常用附近的明亮恆星作為自然導引星），然後使用波前感測器以每秒約2000次的頻率測量導引星光線的波動情況，以了解大氣的波動程度。

這些資訊將被傳送到望遠鏡後段的變形鏡控制系統，使鏡頭表面以每秒約2000次的速度變形，以抵消大氣波動的影響，獲得清晰的影像。如此可將解析度提高大約10倍，拍攝出類似在沒有大氣的太空中拍攝的清晰天體影像（圖4-01）。

◉ 隱藏明亮恆星光芒的日冕儀

第3個難關是「實現高對比度」，而這點靠昴星團望遠鏡和自適應光學系統還是不夠。實現這一目標的技術，是可以遮蔽明亮恆星的**日冕儀**（Coronagraph）。

現在聽到「corona」，人們很容易聯想到新冠病毒。但在天文學領域中，「corona（冕）」指的是距離太陽表面約2000km高空的高溫氣體，其溫度超過

圖4-02　全日食時看見的日冕

來源：日本國立天文台

100萬℃。在通常情況下，太陽光非常刺眼，無法直視；但日食發生，月亮完全遮蔽太陽時，就可以看見太陽周圍的冕狀結構（圖4-02）。

而為了以人工方式觀察冕狀結構，科學家發明了創造了日冕儀，可遮蔽太陽來觀測日冕。也就是「人工日全食裝置」。

隨後這一技術被進一步應用來觀測系外行星和原行星盤，發明出一種可以只遮蔽行星旁邊的恆星或原恆星的裝置。它的正式名稱應該叫「星冕儀（Stellar Coronagraph）」，但通常也簡稱為日冕儀。

而昴星團望遠鏡從一開始就搭載了由筆者的研究團隊主持開發的第一代日冕儀攝影裝置「**CIAO**」（圖4-03）。結合自適應光學裝置和CIAO，昴星團望遠鏡的感光度、解析度和對比度這3項性能均得到提升，超越了哈伯太空望遠鏡，可以實現更高精度的觀測。

圖4-03　日冕儀的原理

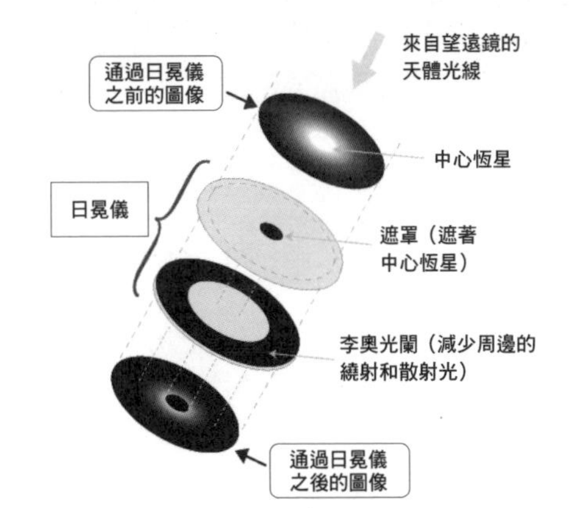

中心的明亮天體會被圓形遮罩遮著，然後繞射和散射光也被「李奧光闌」去除。藉此得以更容易看到中心天體周圍的黯淡天體。

來源：日本國立天文台

2004年，筆者的團隊使用CIAO，成功在一顆名叫**御夫座AB星**，比太陽稍重的年輕恆星（約200萬歲）周圍發現了比太陽系稍微大一點的渦旋結構（圖4-04）。

這個渦旋結構就是形成行星的原行星盤。哈伯太空望遠鏡也曾觀測到這個星盤的存在，但無法辨別其詳細結構。而在能夠觀測到該星盤的細微結構後，科學家們就可以開始討論行星在星盤中是如何形成的了（儘管這張圖像並沒有拍到行星本身）。

圖4-04　御夫座AB星

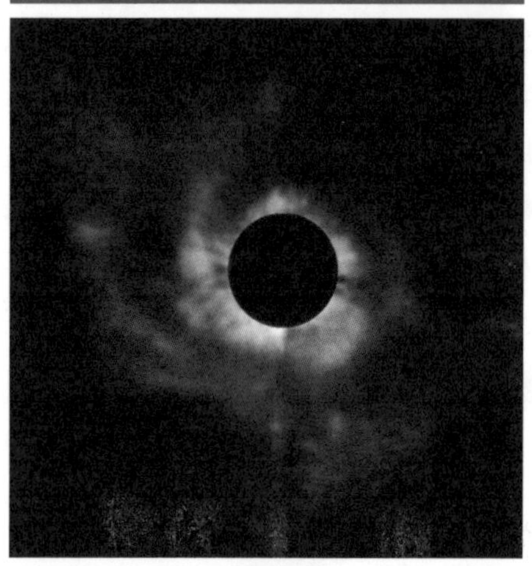

這張御夫座AB星（大約200萬年前）的影像，是使用昴星團望遠鏡的CIAO和自適應光學設備拍攝的。這張照片顯示周圍的原行星盤會反射中心恆星的紅外線而發光，且該星周盤具有螺旋結構。

來源：日本國立天文台

◉ 目標是直接拍攝系外行星

然後在2009年，目標在以昴星團望遠鏡直接拍攝、觀測太陽附近大約500顆恆星周圍的行星和原行星盤的「**SEEDS**」計劃，終於正式啟動。SEEDS是 Strategic Explorations of Exoplanets and Disks with Subaru Telescope（用昴星團望遠鏡對系外行星和星盤進行的策略性探索）首文字的縮寫。該計劃使用了專為拍攝系外行星而開發的新型日冕儀「**HiCIAO**」來拍攝系外行星，同時升級了自適應光學裝置，讓昴星團望遠鏡的解析度和對比度提升了幾乎10倍。運用這些新裝備，SEEDS計劃正式展開。

在2013年，SEEDS團隊探測到繞行距離地球約60光年的恆星室女座59（GJ 504）公轉的行星**室女座59b**（59 Virginis b或GJ 504 b），成為全球第1個成功用直接方法檢測並拍攝到系外行星的團隊（圖4-05）。順帶一提，「GJ」是太陽系附近恆星的名錄。

室女座59b是一顆質量推測約木星4倍的氣態巨行星，在距離恆星約44天文單位的位置公轉。這顆繞著類似太陽的恆星公轉的行星被稱為「第二木星」，這是人類史上首次成功直接拍攝到這顆行星。

另外，圖4-05拍到的並不是室女座51b被恆星照射時反射的光線，而是將室女座51b自身發出的紅外線轉為可見的影像。其原理就跟新冠病毒防疫時，使用熱成像攝影機測量體溫相同。因為是直接觀測系外行星發出的光或紅外線，因此可以深入了解系外行星的各種性質，並且目前也已經確認到室女座51b上存在著甲烷。

在SEEDS計劃中，除了室女座51b之外，還成功發現了仙女座κ b以及GJ 758 b等超巨大行星。仙女座κ b的主星是一顆質量比太陽大的B型主序星，過去認為這種恆星周圍的行星很難使用間接法發現。而此一發現表明，直接攝影也能有效發現B型主序星周圍的行星。

圖4-05　系外行星室女座59b

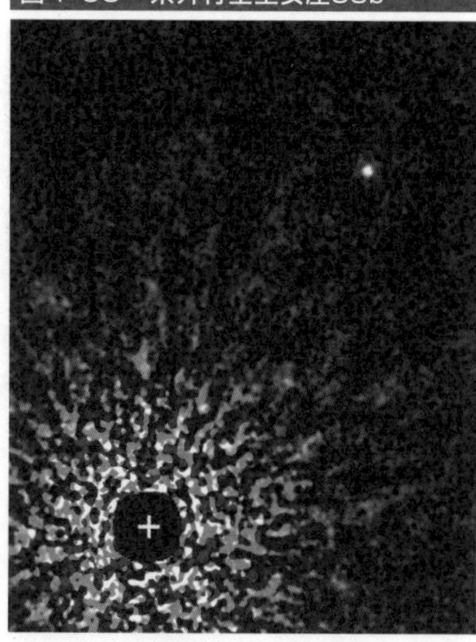

由昴星團望遠鏡的HiCIAO拍攝，繞室女座59星（左下角用＋標記遮住的部分）公轉的系外行星室女座59b（右上白點）的直接影像。雖然日冕儀減少了恆星光線的影響，但無法被去除的部分還是呈放射狀擴散。

來源：日本國立天文台

◉ 星體周圍的圓盤結構是由行星組成的？

另外，SEEDS計劃還成功拍攝了許多恆星周圍的盤狀結構（原行星盤，或是行星形成過程中殘留下來的塵埃殘骸，名為岩屑盤）。在這些圖像中，我們可以看到像御夫座AB星渦旋紋理的細節，以及空隙結構（由即將誕生的行星掃掠氣體形成的凹槽）。換言之我們現在能夠觀察到行星在這些盤狀結構中誕生的現場。星周盤的圖庫可在圖4-06中找到。

正如次頁圖可見，許多星周盤都有缺口（gap）以及星周盤內的螺旋臂等「結構」。雖然最早拍到原行星盤的是哈伯太空望遠鏡，但在它拍到的星周盤中並未觀察到明顯的結構，呈現出較為平坦的形狀。這是因為當時的感光度和解析度還不夠高。

那麼，為什麼會形成這些結構呢？事實上，在理論方面科學家很早就預測到行星在原行星盤中誕生後，原行星盤會形成這種結構。而根據SEEDS的觀測結果，科學家認為這種結構是原行星盤中已誕生的年輕行星造成的，

圖4-06　SEEDS計劃拍攝的眾多恆星周圍的行星盤圖庫

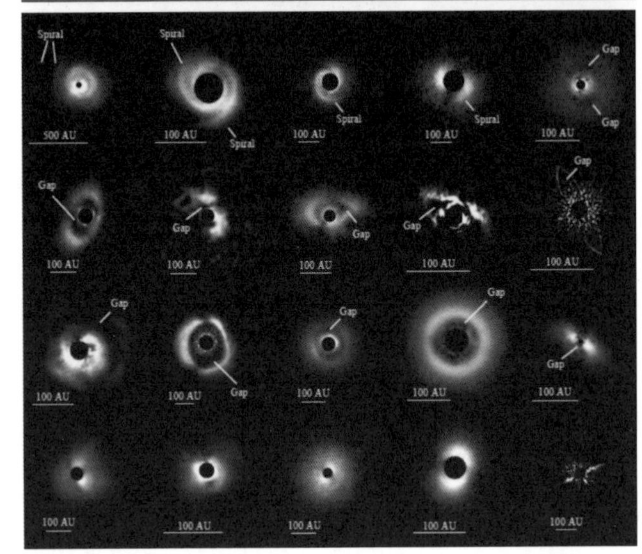

來源：日本國立天文台

換言之，這種缺口和螺旋臂可能是盤中存在行星的間接證據。在那之後，南半球的ALMA望遠鏡和VLT望遠鏡也公布了類似的星周盤圖庫，但最早取得成功的是昴星團望遠鏡和SEEDS計劃。

另一方面，理論方面也取得了新進展，顯示這種星周盤結構並非一定要有行星存在才能產生。這是因為盤中的塵埃性質會因與中心恆星的距離而改變。因此，「星周盤結構＝存在行星」的想法不再適用。實際上，在SEEDS和其他望遠鏡的影像中，我們雖然能夠看到星周盤的結構，卻並未看到行星本身。

於是，這次全球開始競相尋找星周盤內的行星。這並非一件輕鬆的事。因為既然知道了星周盤中有結構，那麼仔細觀察星周盤的話，很有可能會再發現新的結構。

在這樣的背景下，美國和澳大利亞的研究人員終於在一顆叫LkCa 15的金牛T星的星周盤中發現了行星，這件事一度成為天文學界的重大新聞。然而，後來發現他們找到的行星狀天體，並不具備年輕行星應有的性質。LkCa 15也在SEEDS的星周盤圖庫中，但從這份數據中無法確定是否有行星存在。

直到昴星團望遠鏡的第三代自適應光學系統（超級自適應光學系統「SCExAO」，參照下一節）正式上線運作，筆者的團隊再次對 LkCa 15進行觀測。結果發現原本被認為是行星的天體，實際上只是星周盤結構的一部分。換言之，它並不是人類發現的第1顆年輕行星。

◉ 捕捉到成長期原始行星的姿態

接著再來介紹當前最新的研究成果吧。

正如前面所述，尋找星周盤內行星的競爭在那之後仍如火如荼地進行。在一顆由 SEEDS 發現的名叫 PDS 70的金牛 T 星星周盤中，存在著清晰的間隙結構。但該照片中並未拍到行星。另一方面，儘管晚於昴星團望遠鏡的 HiCIAO，但 VLT 望遠鏡也開始研發使用超級自適應光學系統的新日冕儀，並收集到 PDS 70的新觀測資料。在這些資料中，可以清楚看到一個行星狀的天體。跟 LkCa 15的情況不同，超級自適應光學系統的威力使影像變得鮮明，這次拍到的天體明顯不是星周盤的一部分。因為可能是第1個在星周盤中發現的行星，這件事再次成為大新聞。然而，這些天體明顯位於星周盤的間隙內，即便是年輕行星，也跟過去科學家認為原行星會從星周盤中大量聚集物質而成長的想像完全不同。換言之，我們還是沒有找到仍被掩埋在原行星盤中的原行星。

2022年4月，由日本國立天文台和筆者們所屬的天文生物學中心等研究者組成的國際研究團隊，利用昴星團望遠鏡新搭載的「超級自適應光學系統」和紅外觀測設備，成功直接捕捉到御夫座 AB 星原行星盤中正在成長的原行星影像。先前筆者們在2004年用 CIAO 首次發現御夫座 AB 星周圍原行星盤呈渦旋結構。然後在2011年利用 HiCIAO 更進一步揭示該行星盤微細結構，但當時並未檢測到行星本身。但這一次，終於成功直接捕捉到了成長中的行星「御夫座 AB 星 b」的影像，成為全球第1個成功的案例（參見圖4-07）。

圖4-07　昴星團望遠鏡拍到的御夫座AB星紅外線影像

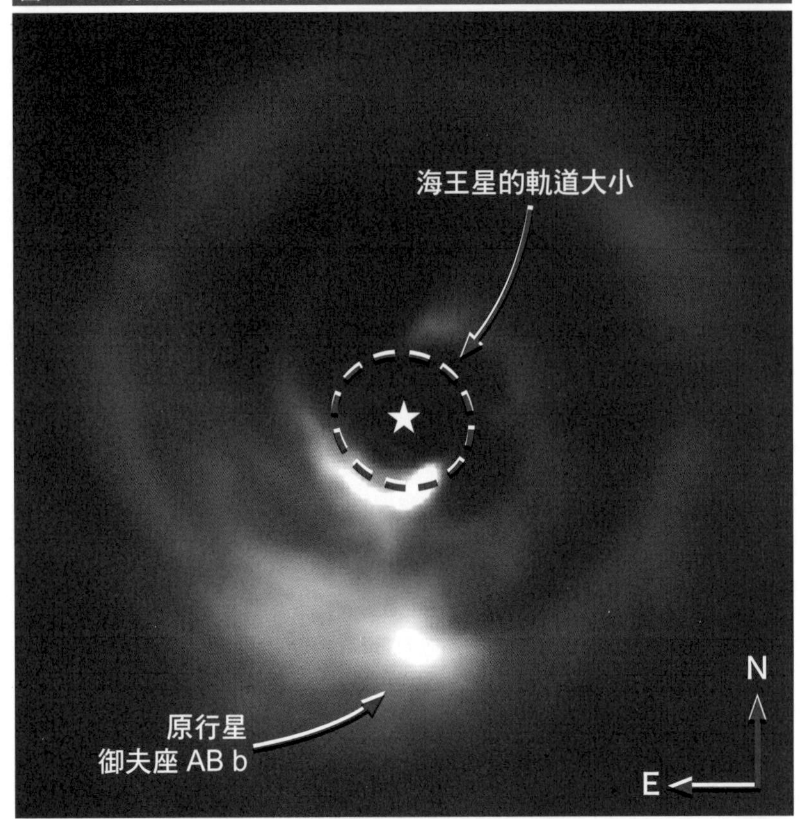

除了先前已知的具螺旋結構的原行星盤，連新發現的原行星也清晰可見。這顆恆星位於星周盤的中心（★處），但被日冕儀遮掉了。橢圓（虛線）相當於海王星在太陽系中的軌道大小（半徑約為地球到太陽距離的30倍）。

來源：T. Currie／Subaru Telescope

昴星團望遠鏡新搭載的超級自適應光學裝置，其名稱為 **SCExAO**（Subaru Coronagraphic Extreme Adaptive Optics）。傳統自適應光學設備可校正因大氣波動造成的影像扭曲問題，而此裝置進一步提高了拍到的畫面清晰度，可將恆星的光幾乎完全聚焦在中心部分的1個點上。

除此之外，紅外觀測裝置 **CHARIS**（Coronagraphic High Angular Resolution Imaging Spectrograph）更能將系外行星發出的紅外線分成18或

73個波長進行檢測，以獲得有關行星大氣溫度、壓力、化學組成等詳細資訊。

利用這些最尖端設備，科學家得以確認拍到的影像不是星周盤中的氣體和塵埃結構，而是原行星本體，同時還發現有大量的氣體和塵埃正不斷地積聚在這顆行星上。這項研究結果為行星形成理論提供了重要的啟示，引起了廣泛關注。

Column　日冕儀的歷史

天文學研究的都是遠離地球的天體。為了研究這些天體，天文學界很重視觀測設備的 2 種能力：可看見暗淡天體的能力（即感光度）以及分辨形狀的能力（即解析度，也可以說是視力）。然而，有些天體難以僅依賴這 2 種能力進行觀測。

第 1 個例子就是太陽的日冕。日冕的微弱光線會被明亮的陽光掩蓋，只有在日全食時才能看見。為了可以持續長時間觀測日冕，法國天文學家貝爾納德．李奧（1897～1952）在 1930 年前後發明了日冕儀。李奧憑藉他豐富的光學知識和經驗，在望遠鏡上加裝了 2 種光學元件（遮光罩和李奧光闌）。

這項技術除了用來觀察太陽日冕之外，有很長一段時間都沒有找到其他用途，直到 1980 年代，日冕儀首度被應用來觀測太陽系外的天體。

於是在 1984 年，我們首次直接捕捉到了來自岩屑盤的光線。乍看之下平平無奇，應該呈現點狀的普通狀恆星，放在日冕儀下觀測時，竟然在周圍發現了細長的延展物。這顆天體早在紅外線衛星IRAS的觀測中，就發現了恆星周圍存在來歷不明的塵埃。後來科學家發現這些被命名為岩屑盤的塵埃，其實是行星形成時的殘餘物，而這項重要的發現也為現代系外行星的直接攝影技術鋪設了道路。事實上，當時發現這個岩屑盤的繪架座 β，正是最早直接拍攝到系外行星的天體之一。只可惜當時使用的日冕儀技術還比較不成熟。

自 2000 年開始服役的昴星團望遠鏡搭載的CIAO日冕儀，在當時是 8m級望遠鏡中唯一的紅外線日冕儀專用機。當時原行星盤的結構就連哈伯太空望遠鏡也無法觀測到，但CIAO終於令科學家看到了星周盤的結構。繪架座 β 的星周盤也是，CIAO不僅清楚拍出了它的結構，還成功測量到光線的偏振（偏振光）。同時也是從那時開始，全球都開始推動以直接觀測系外行星為目標的次世代太空望遠鏡用的日冕儀理論研究和室內實驗。

現在，由李奧的日冕儀原理發展出來的日冕儀設計，可說是百花齊放。系外行星的直接觀測史，也正是日冕儀的發展史。

用紅外線捕捉類地行星的姿態

◉ 恆星的質量、溫度與適居帶的關係

在前一節的內容中，我們多次提到了使用**紅外線**觀測系外行星的例子。事實上，前面提到的系外行星直接觀測，全都是利用紅外線的波長來進行觀測。這是因為當前的自適應光學技術，對於波長較長的紅外線最為有效。另一方面，利用紅外線的系外行星觀測，也掌握了系外行星生物探索的重要關鍵。接下來，我們將會繼續介紹科學家如何利用**紅外線都卜勒法**來尋找「第二地球」。

我們可以想像，適合存在生命的行星應該是由岩石組成的小型類地行星，而不是由氣體組成的氣態巨行星。然而對於都卜勒法和凌日法而言，要尋找的行星愈小，所需的觀測精度就愈高。

圖4-08　恆星的質量、溫度與適居帶位置的關係

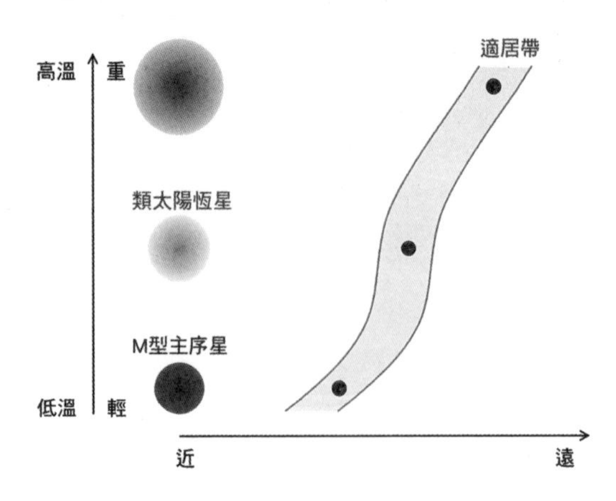

恆星的質量愈大、溫度愈高，適居帶距離恆星愈遠。而質量輕且低溫的M型主序星，適居帶就位在恆星附近。

來源：日本天文生物學中心

同時，恆星的溫度愈高，適居帶就距離恆星愈遠，但都卜勒法和凌日法皆比較難發現距離恆星較遠的行星。因此要尋找位於適居帶內的類地行星（**適居行星**）非常困難，目前為止發現的數量非常少。

也因為如此，目前最受到天文界關注的是一種名為**M型主序星**（又叫**紅矮星**、**M型矮**

星）的恆星。M 型主序星比太陽輕很多（質量約為太陽的0.08倍到0.6倍），表面溫度較低（約2200℃到3800℃，而太陽的表面溫度約為6000℃），是暗淡的恆星。由於表面溫度較低，所以適居帶相當靠近恆星（圖4-08）。如此一來，行星的公轉週期也只需幾天到幾週，遠比地球短得多，可以在短時間內觀測到多個週期。

此外，由於 M 型主序星質量較小，受行星引力影響導致的搖擺幅度相對較大，因此更容易用都卜勒法發現。

不僅如此，在整個宇宙中，輕恆星的數量遠多於重恆星，因此在太陽系附近也能輕易發現 M 型主序星。若能在靠近地球的 M 型主序星周圍發現適居行星，就可以詳細研究其性質，了解其中存在生命的可能性。

◉ 新型紅外線都卜勒儀器「IRD」的開發

儘管 M 型主序星的系外行星探索看似一帆風順，但其還是存在1個困難點。

因為 M 型主序星表面溫度低且黯淡，很難收集到足夠光線，使得要進行高精度觀測變得很困難。M 型主序星這種低溫恆星，放出的紅外線遠比人類肉眼可見的可見光更強。因此，我們需要利用觀測紅外線的紅外線都卜勒法來尋找 M 型主序星周圍的系外行星，但過去卻不存在能以超高精度測量紅外線都卜勒效應的**紅外線光譜儀**（能夠將來自天體的紅外線按波長分離，並測量其強度的裝置）。

為了克服這個問題，由天文生物學中心、日本國立天文台、東京大學、東京農工大學、東京工業大學的研究人員組成的團隊，共同開發了新型的紅外線都卜勒裝置 **IRD**（InfraRed Doppler）（圖4-09）。IRD 被安裝在昴星團望遠鏡上，於2018年2月成功進行了首次觀測。

在小谷隆行博士的親臨指導下，IRD 成為世界上第1個完全使用超低熱膨脹陶瓷材料的天文用都卜勒裝置，通過跟民間企業的合作，成功開發出具有優秀熱穩定性的光學桌和光學系統。同時，該團隊還研發出獨特的加擾

圖4-09　IRD的原理

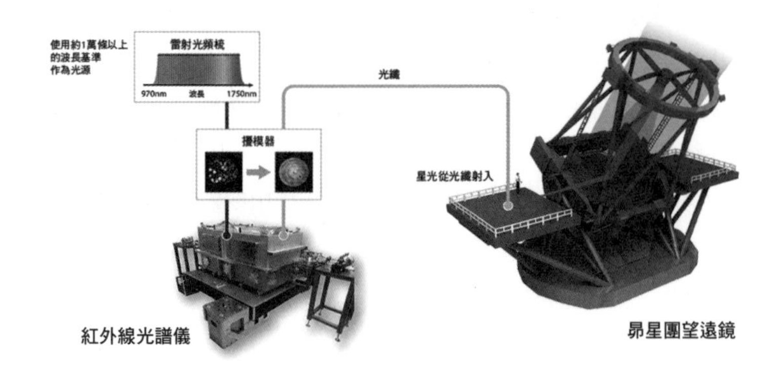

昴星團望遠鏡收集到的星光（紅外線）會通過光纖（途中用擾模器減少光的擾動）發送到紅外光譜儀。然後再跟可正確測量波長的雷射光頻梳進行比較，以高精度測出紅外線都卜勒效應。

來源：日本天文生物學中心

器，可通過有意地連續對光學系統施加隨機擾動，穩定測量出因地球大氣擾動和望遠鏡的變形等造成光譜形狀不穩定的「偽徑向速度」。

此外，通過將這些設備跟光譜儀，以及本團隊獨立開發的雷射光頻梳——一種要精密測量徑向速度必不可少，提供精密波長基準光源的設備——相結合，本團隊實現了世界上最穩定且高精度（等同可測量相當於人的行走速度的恆星運動）的 M 型主序星近紅外徑向速度測量。

2019年，利用 IRD 探索系外行星，為期5年的「IRD-昴星團戰略架構計劃（IRD-SSP）」正式展開（負責人：佐藤文衛博士）。本計劃旨在利用擁有全球最高都卜勒速度測量精度的 IRD 和昴星團望遠鏡的大口徑鏡頭，在 M 型主序星周圍尋找「第二地球」。

◉ 揭開M型主序星的化學組成

2022年3月，以天文生物學中心的研究人員為中心的國際團隊，發表了首個運用 IRD-SSP 數據的研究成果。那便是13顆 M 型主序星的化學組成。

恆星的化學組成，指的是構成恆星的元素中，諸如鐵、鈉、鎂等各種元素在星體中的比例。這反映了可能存在於恆星周圍的系外行星形成材料，在將來發現系外行星並分析其特徵時，這項資訊不可或缺。藉由觀測可見光的光譜，來分析跟太陽擁有相近質量、溫度之恆星的化學組成，已有相當悠久的歷史，因此科學家十分了解這類恆星的化學組成。但另一方面，M 型主序星的可見光非常黯淡，而且溫度也低，導致光譜數據相當複雜，很難用傳統方法測量其化學組成，因此長久以來我們一直不太了解這類恆星的化學組成等特徵。

所以在尋找 M 型主序星的系外行星之前，必須先觀測這些仍充滿未知的 M 型主序星本身的特徵。而觀測結果顯示，這13顆 M 型主序星的化學

圖4-10　M型主序星的想像圖，以及在此類恆星上觀測到的鈉（Na）和鐵（Fe）的光譜

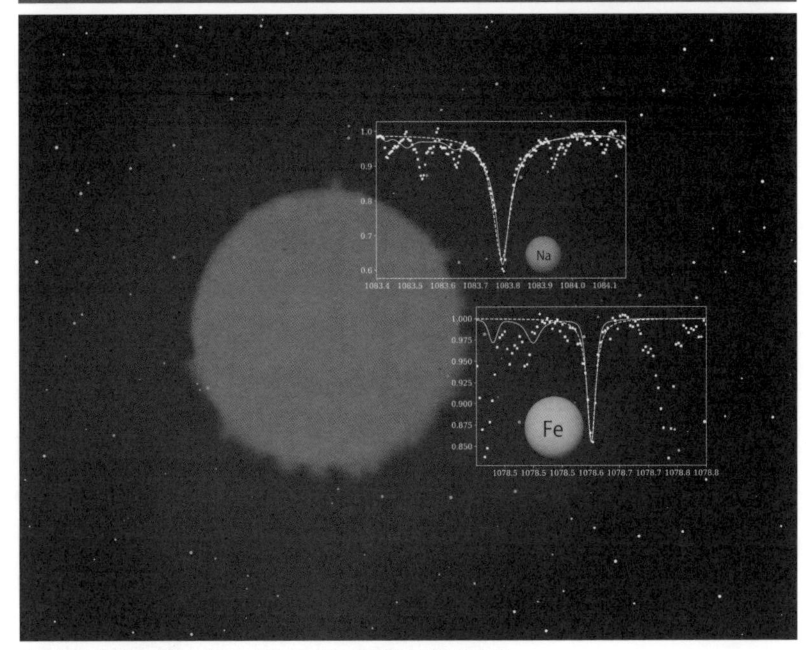

本次測量的13顆M型主序星，已知化學組成跟類太陽恆星相似。

來源：日本天文生物學中心

組成就跟質量類似太陽的恆星相似（圖4-10）。未來，科學家將一邊運用IRD-SSP探索系外行星，一邊繼續測量其餘約100顆M型主序星的化學組成。等IRD找到「第二地球」後，我們將有望揭開該行星的化學組成等特徵。

◉ 成功用紅外線發現最初的系外行星

2022年6月，以天文生物學中心研究者為主的國際團隊，宣布找到了第1顆用IRD-SSP發現的行星。這是全球第1顆通過紅外專用光譜儀進行系統性探測後發現的系外行星。圖4-11顯示了用IRD觀測到的恆星徑向速度的週期性變化。

這顆行星對恆星運動造成的振幅只有每秒4m不到，是比人類行走速度還要慢的微小恆星搖擺運動，而研究團隊捕捉到了其都卜勒效應造成的波長變化。

這顆行星（Ross 508b）以大約11天的公轉週期，繞著一顆質量約太陽的5分之1，名為Ross 508的M型主序星運行，其質量最低僅有地球的約4倍。

圖4-11　IRD觀測到的恆星「Ross 508」的徑向速度週期性變化

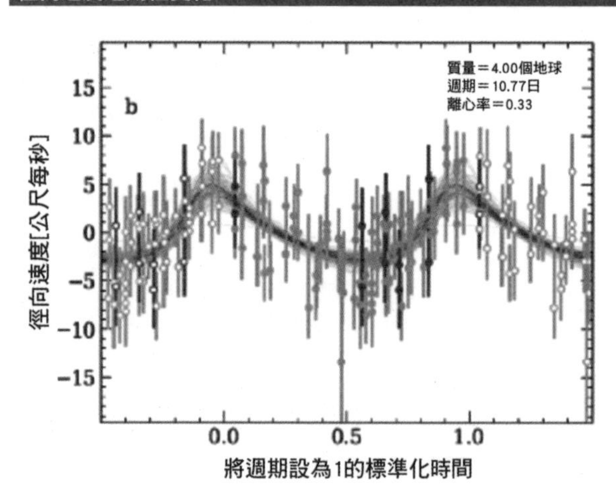

來源：日本天文生物學中心

它距離地球約37光年，跟在第3章介紹的TRAPPIST-1的7顆類地行星距離幾乎相同。M型主序星的適居帶很靠近恆星，但這顆行星平均來說位在適居帶的內緣附近（約地球到太陽距離的0.05倍）。有趣的是，這顆行星很可能擁有橢圓軌道，如果是這樣的話，那麼它將週期性地穿越適居帶。這樣的行星上究竟會否存在水和生命呢？真是耐人尋味呢。

用次世代超大型望遠鏡尋找有生命的行星

◉ 當前的8～10m級大型望遠鏡

接著，再來說說用來尋找存在生命的行星的地面望遠鏡和太空望遠鏡的未來計劃吧。首先是地面望遠鏡的部分。

在系外行星的探索中，第3章介紹過的克卜勒太空望遠鏡和 TESS 等太空望遠鏡已經發揮了重要作用。但光靠現有的技術，要發射和維護大口徑的太空望遠鏡依然很困難。2022年啟用的詹姆斯．韋伯太空望遠鏡口徑達到6.5m，但因缺乏自適應光學系統來校正反射式望遠鏡的誤差，對比度不夠高。

圖4-12　智利的南雙子星望遠鏡

來源：Gemini Observatory

因此，目前科學家正計劃在地面建造大口徑的超大型望遠鏡，以便能更詳細地研究太空望遠鏡發現的系外行星，並研究其特徵。

現有的「巨大望遠鏡」，包括日本引以為傲的8.2m口徑的昴星團望遠鏡、分別於夏威夷和智利各設置1架 的8.1m 口徑的雙胞胎望遠鏡**雙子星天文台**（圖4-12）、以及由4架8.2m口徑望遠鏡組成的智利**VLT**（Very Large Telescope）（圖4-13），它們是由單一鏡片組成的單鏡望遠鏡中最大型的設備。至於由多個鏡片組合而成的主鏡分割式望遠鏡，則有夏威夷昴星團望遠鏡隔壁的10m口徑的**凱克望遠鏡**（凱克I和II的2架）（圖4-14）。凱克望遠鏡是由36片對角線長度為1.8m的正六邊形鏡片

圖4-13　由4架望遠鏡組成的VLT

來源：NASA／JPL

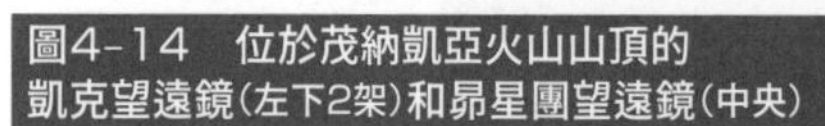

圖4-14　位於茂納凱亞火山山頂的凱克望遠鏡（左下2架）和昴星團望遠鏡（中央）

來源：日本國立天文台

組成，實現了10m的有效口徑。

分割式鏡片望遠鏡的結構在觀測可見光時影響不大，但在觀測紅外線時，卻存在鏡片間隙會導致噪訊的問題。因此單一鏡片是比較理想的設計，但大口徑的單一鏡片會因自身重量而發生變形，導致天體的光無法聚集在焦點上而失焦。

昴星團望遠鏡是在鏡面後側用了261根名為執行器的機器手指來支撐鏡片，使望遠鏡無論面向哪個方向，鏡片都能保持理想的形狀。

然而要製造8～10m級以上的單一鏡片在技術上是不可能的，因此下一代的30m級超大型望遠鏡預計將採用分割鏡的設計建造。

◉ 日本參與設計的30m級超大型望遠鏡計劃「TMT」

圖4-15　TMT的完工預想圖

來源：日本國立天文台

現在，日本正參與一個名為**TMT**的超大型望遠鏡計劃。TMT是Thirty Meter Telescope（30m望遠鏡）的縮寫，意思就是要建造1架口徑30m的超巨型望遠鏡。本計劃有日本、美國、中國、印度、加拿大等5個國家參與，總計投資18億美元（以1美元=31台幣計算，約571億台幣），預計將落址在夏威夷的茂納凱亞火山（圖4-15）。

TMT望遠鏡具有1個由492片對角線長度1.44m的分割鏡組成的蜂窩

圖4-16　TMT的主鏡示意圖

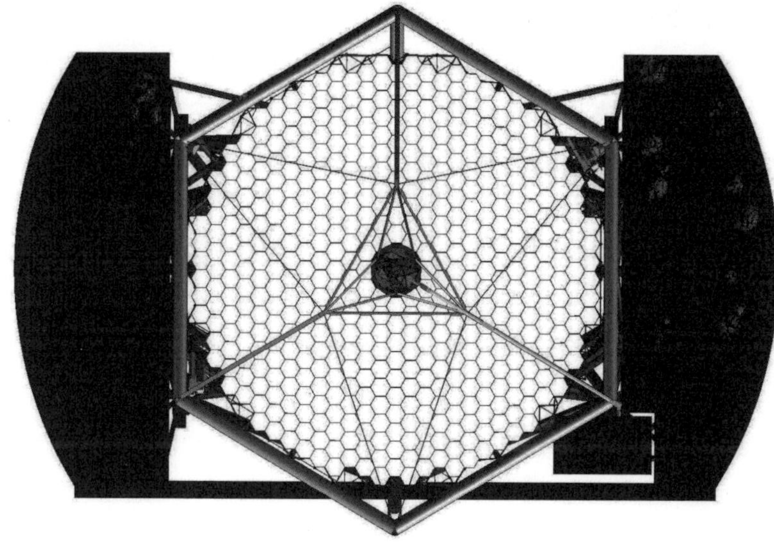

由492片分割鏡以蜂巢狀結構鋪成。

來源：TMT International Observatory

狀鏡面（主鏡），可用於觀測可見光和紅外線（圖4-16）。

為充分活用其面積高達昴星團望遠鏡10倍的巨大主鏡的集光能力，TMT將引入可即時校正大氣干擾的自適應光學裝置等最先進的技術。其解析度（視力）在紅外線觀測方面將是哈伯太空望遠鏡的10倍，昴星團望遠鏡的4倍，擁有驚人的性能。此外，像是IRIS（近紅外線攝影光譜儀）、WFOS（廣角可見光攝影光譜儀）、IRMS（近紅外線多天體分光儀）、MODHIS（光纖紅外線光譜儀）等將在TMT完工後馬上開始運作的初期觀測裝置，也正如火如荼地開發中。

等到TMT完工後，我們將能直接拍攝系外行星的光線和紅外線，或通過觀測穿過系外行星大氣的恆星光線的光譜，從而大大推進系外行星上生物探測進度。

除了系外行星探索外，預期還能通過探索最遠方的宇宙初期星系和第一代恆星（First Star），或高效地觀測大量星系和恆星的光譜，解開恆星和星系在初期宇宙形成的謎團。

儘管 TMT 有望取得重大科學成果，但其實由於遭到夏威夷茂納凱亞火山當地居民的抗議，目前建設工作已經中斷。因此，科學家正與當地居民積極溝通，承諾將努力保護茂納凱亞火山的環境，並在科學與文化之間取得平衡，以期重啟建設工作。

在天文生物學中心，我們正在提前尋找 TMT 預計要觀測的適居帶內類地行星，並研究「到底要發現什麼才算是找到生命的跡象」。關於「發現什麼才算找到生命」的話題，我們稍後將詳細說明。

◉ 觀測南天的2個超大型望遠鏡計劃

預定在夏威夷建造的 TMT 是用於觀測北天球的超巨型望遠鏡，而用來觀測南天球的另外2個超巨型望遠鏡建造計劃也正在推進中。

圖4-17　ELT的完工預想圖

來源：ESO

第1個是歐洲南天天文台（ESO）正在智利建造的次世代超大型望遠鏡 **ELT**（Extremely Large Telescope，極大望遠鏡的意思），口徑為39m（圖4-17）。ELT 與 TMT 一樣是分割式望遠鏡，由798片邊長1.4m 的六邊形分割鏡組成，實現了39m的超大口徑。ELT 目前正在智利北部的阿馬索內斯山建造，與同為 ESO 建造的 VLT 相距大約20km。

順帶一提，ESO 成立於1962年，是由16個歐洲國家和智利共同營運的國際天文台。當時，南半球缺乏能觀測南天的天文台，因此要詳細觀測銀河系中心、大麥哲倫星雲和小麥哲倫星雲（都是銀河系附近的伴星系）等天體非常困難。而ESO就是為了進行這些觀測而成立的。

而另一個計劃，則是由哈佛大學、卡內基研究所等美國的8個研究機構，以及澳大利亞、南韓、以色列、巴西的研究機構，再加上東道國智利的國際合作項目建設，為口徑24.5m的**GMT**（Giant Magellan Telescope，巨型麥哲倫望遠鏡）（圖4-18）。GMT正在位於智利北部阿他加馬沙漠的拉斯坎帕納斯天文台建造中。GMT與TMT和ELT不同，採用了將7片口徑為8.4m的鏡片排列成花瓣狀的設計。

圖4-18　由7片口徑8.4m的鏡片，以花瓣狀排列而成的GMT示意圖

來源：GMTO Corporation

所有這些超巨型望遠鏡的目標都是在2020年代後半至2030年代初期開始運作，並有望在系外行星生物探測以及天文學和宇宙學的其他領域取得突破性成果。

太空望遠鏡的系外行星生物探測

◉ 地面望遠鏡跟太空望遠鏡的角色差異

接著將介紹未來的太空望遠鏡項目，但在此之前，我想稍微說說地面望遠鏡和太空望遠鏡的角色差異。

之前說過，太空望遠鏡的優點之一，是能夠在沒有大氣的波動干擾之太空中觀測，故可以拍到清晰的天體圖像。除此之外，太空望遠鏡所具有的另一個優點是「**可以觀測到由於會被大氣吸收而無法在地面上無法觀測到，各種不同波長的電磁波**」。

電磁波依短波到長波大致分為伽馬射線、X 射線、紫外線、光（可見光）、紅外線和無線電波。其中，只有部分紫外線、可見光、部分紅外線和部分無線電波可穿過地球大氣層，從太空到達地球表面。其餘的都會被大氣中的分子吸收或反射。而波長範圍受大氣影響較小，能到達地表的電磁

圖4-19　大氣窗

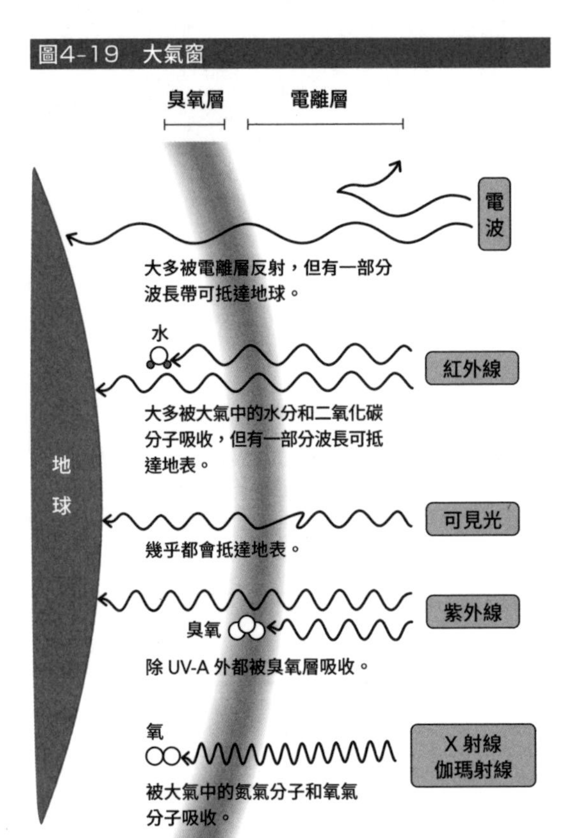

波又叫**大氣窗**（圖4-19）。

地面望遠鏡只能觀測大氣窗中極小一部分的電磁波，相反地太空望遠鏡可以觀測到各種不同波長的電磁波。例如宇宙中存在伽馬射線和X射線這件事，就是在人類把人造衛星發射到太空後才首次發現的。這些高能伽馬射線和X射線是由黑洞、中子星和超新星爆炸等劇烈的天體現象產生。而要觀測它們就必須使用太空望遠鏡。

那麼，是不是乾脆拋棄地面望遠鏡，全部改用太空望遠鏡更好呢？倒也不是如此。因為將大口徑望遠鏡發射到太空在技術上非常困難，而且太空望遠鏡很難維護，運作壽命比地面望遠鏡短。

所以比較理想的作法，是活用地面望遠鏡和太空望遠鏡各自的優點，用互補的方式進行觀測。

◉ 使用太空望遠鏡的天文測量法系外行星探測

現在科學家可以運用**天文測量學方法**，使用太空望遠鏡來探索系外行星。

一如我們在第3章說過的，行星狩獵的先驅范德坎普曾根據恆星位置的搖晃（在天球上的運動）主張巴納德星擁有1顆系外行星。他當時所用的方法便是間接法中的天文測量法，但後來發現巴納德星的位置搖擺現象是觀測誤差造成，巴納德星擁有行星的論點也被推翻。

憑當時從地面上觀測的技術，很難精確測量恆星的位置。而這種情況一直持續到21世紀。

2013年，ESA（歐洲太空總署）發射了天文測量專用衛星**蓋亞**（Gaia）**太空望遠鏡**（圖4-20）。它的任務是創建精確的銀河系3D地圖，能夠以10至100微角秒的高精度測量約18億顆恆星的位置。

在2020年12月公開的早期數據（EDR3）中，包含了大約18億顆恆星的位置和亮度，其中約15億顆存在恆星視差（因地球的公轉運動，使天球上的天體看似發生位移的現象及其位移大小）和自行運動（到恆星的距離以及恆星

圖4-20　蓋亞太空望遠鏡的想像圖

來源：ESA-D. Ducros

在天球上的運動）資訊。接著在2022年6月發布的完整版數據（DR3）中，除了EDR3的信息外，還添加了恆星的化學成分、溫度、顏色、質量、年齡、徑向速度等資料。

只要運用蓋亞太空望遠鏡的這些數據，便完全有可能使用天文測量方法探索系外行星。而且，與都卜勒法和凌日法不同，天文測量法的特點是更容易找到距離恆星較遠的系外行星。因此藉由多種方法截長補短的方式，可預期系外行星的探測未來將有很大進展。

此外，來自蓋亞太空望遠鏡的數據也對直接觀測和拍攝系外行星很有幫助。過去，因為天文學家只能一顆一顆單獨尋找可被直接觀測到的恆星，因此很難有新發現。

但現在只要先從蓋亞太空望遠鏡的數據中挑出可能擁有行星的恆星，然後再直接觀測它們，就能大幅提高命中率。在運用昴星團望遠鏡的超自適應光學裝置SCExAO進行的觀測中，也已經取得上述的成效。下面馬上就來介紹吧。

◉ 太空望遠鏡和地面望遠鏡的合作

昴星團望遠鏡的SEEDS計劃運用直接法發現了3顆行星，並拍到了大量星周盤照片，大獲成功。然而，這種方法在發現行星的效率面上存在弱點。簡單來說，由於直接觀測法只能一顆一顆逐一探索每個行星，因此很少有新的發現。

SEEDS計劃一共觀測了500顆恆星，其中新發現的系外行星只有3顆，其餘均為已知的行星。同時，歐美國家後來建造的雙子星望遠鏡的「GPI」和VLT望遠鏡的「SPHERE」等新型日冕儀，繼SEEDS之後同樣進行了大範圍搜索，但雙方加起來一共也僅發現了2顆新行星。換句話說，要在遙遠的深空找到1顆遠離主恆星的巨大行星，機率只有寥寥幾%不到。在這種情況下，就算拍再多照片也無法發現遠方的行星。

相反地，如果結合蓋亞太空望遠鏡精密的天文測量方法，先挑出可能有行星存在的恆星，然後再直接觀測它們，就能大幅提高發現行星和棕矮星的機率。

利用這種方法，科學家成功在金牛座著名的畢宿星團中探測到了第1顆棕矮星，並用SCExAO發現了第1顆行星HIP99770 b。

◉ 首次公布照片的詹姆斯·韋伯太空望遠鏡

2022年7月12日，NASA公布了第一批由**詹姆斯·韋伯太空望遠鏡**拍攝的5張全彩圖像。正如在序章介紹過的，這架歷時20多年、耗資100億美元打造的新型望遠鏡，是在2021年聖誕節發射升空的。發射後，NASA一直在努力調整觀測設備，然後終於發布了首批圖像。

其中之一就是拜登總統在前一天的新聞發表會上提前公開的「深空（Deep field）」照片（圖4-21）。這張照片是詹姆斯·韋伯太空望遠鏡長時間觀察宇宙中一塊看不見天體的黑暗角落，收集極遠方天體的微弱光線後才拍到的影像。

哈伯太空望遠鏡也拍過許多這樣的照片，而它的後繼機詹姆斯·韋伯太空望遠鏡，則成功拍到了更高精度的深空影像。

這張照片拍到了無數個屬於大約46億光年外的星系團「SMACS0723」的星系，甚至是在它們後面更遙遠的星系。照片中，星系團的巨大引力就像一面透鏡，使光線發生彎曲，將遙遠的星系扭曲並放大成弧狀。其中最遙遠的星系被認為距離我們超過130億光年。

圖4-21　詹姆斯・韋伯太空望遠鏡拍下的「SMACS0723」星系的照片

包含比星系團更遠方的無數星系在內，照片中一共拍到大約3000個星系。

來源：NASA, ESA, CSA, STScI

我們在序章中提到，詹姆斯・韋伯太空望遠鏡的目標之一，便是觀測宇宙中第1批開始發光的恆星和星系。2022年4月，由東京大學宇宙射線研究所領導的一個研究團隊，宣布在推測距離我們135億光年的遠方發現了名為「HD1」的星系。在此之前發現的最遙遠星系距離我們134億光年，而HD1又比它遠了1億光年，被認為是史上最遙遠星系的候選者。而詹姆斯・韋伯太空望遠鏡選上HD1作為第1個觀測目標，希望深入了解這個誕生在

圖4-22　系外行星WASP-96 b的大氣組成觀測資料

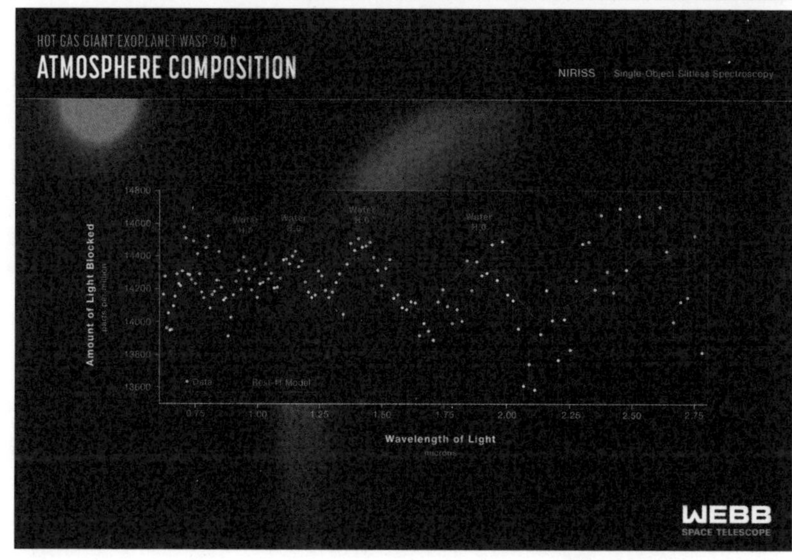

來源：NASA, ESA, CSA, STScI

宇宙歷史最初期的星系。

此外，在已公開的5張圖片中，也包括了位於鳳凰座方向約1140光年外的系外行星「WASP-96 b」的觀測數據（圖4-22）。

使用韋伯太空望遠鏡搭載的光譜觀測感測器，分析了 WASP-96b 通過恆星前方時造成的亮度減低情況後（凌日光譜觀測），科學家發現這顆系外行星的大氣中含有水蒸氣。同時還找到了在先前研究中被認為幾乎不存在的雲和霾存在的證據。

這次觀測取得的紅外線透射光譜，是目前為止取得最詳細的系外行星光譜。運用詹姆斯．韋伯太空望遠鏡，我們將能探測到許多系外行星的大氣層。除此之外，它還將觀測如 TRAPPIST-1 這種太陽系附近的凌日類地行星，預期將能發現大氣中的水和其他生命存在的蹤跡。

◉ 未來的太空望遠鏡計劃

圖4-23　羅曼太空望遠鏡的3D電腦模型

來源：GSFC／SVS

更下一代的太空望遠鏡項目，目前也已經在籌劃當中。NASA 計劃在2027年左右發射**羅曼太空望遠鏡**（Nancy Grace Roman Space Telescope）（圖4-23）。這個名字取自一位曾為哈伯太空望遠鏡的誕生做出巨大貢獻的女科學家。

羅曼太空望遠鏡跟哈伯太空望遠鏡相同，主鏡直徑為2.4m，但它將配備廣角觀測裝置，觀測範圍比哈伯太空望遠鏡寬100倍。它的其中一項任務，是揭開令宇宙膨脹加速的**暗能量**的真面目。NASA 希望用它觀測數億個星系和數千顆超新星，精確測量宇宙的膨脹，縮小暗能量真面目的可能範圍。同時，它也將**利用微重力透鏡法探索系外行星**。運用羅曼太空望遠鏡，我們將能找出那些過去未能發現，在遠離恆星處公轉的小質量系外行星。不僅如此，它還搭載了可以遮蔽恆星強光的日冕儀，因此也能探測系外行星的反射光。這將是第1架配備日冕儀的太空望遠鏡。

事實上，日本也參與了羅曼太空望遠鏡項目。東京大學和其他機構為設備的開發做出了貢獻，例如為日冕儀提供光學元件。另外，我們還計劃與地面站和昴星團望遠鏡等其他地面望遠鏡進行合作觀測。

除此之外，作為2040年代太空望遠鏡計劃的一部分，也有人提案透過國際合作的方式將6m 口徑的可見光／紫外線／紅外線太空望遠鏡射上太空。同時，以 NASA 為主的團隊，原本老早就在構思大型紫外光學可見光學紅外光學測量儀計劃「LUVOIR（Large Ultraviolet Optical Infrared Surveyor）」，以及使用名為「Starshade」的獨特方式隱藏恆星光線來探測系外行星的太空望遠鏡計劃「HabEx（宜居系外行星觀測站，Habitable Exoplanet Observatory）」這2項新計劃。而兩者後來合併為「LUVEx（暫名）任務」。

口徑6m的望遠鏡乍聽之下似乎比詹姆斯·韋伯太空望遠鏡更小。但是，相較於詹姆斯·韋伯太空望遠鏡主要只觀測紅外線波長，這項籌劃中的次世代太空望遠鏡還能觀測紫外線和可見光等較短波長的光。透過這架望遠鏡，只要是鄰近太陽系（大約30～40光年遠）的恆星周圍的類地行星，無論恆星的類型為何，我們都能直接觀測和拍照，並清晰地在它的光譜中檢測生命所需的水和氧氣。因此，科學家們都在期盼這架能直接拍攝「第二地球（Earth 2.0）」，擁有終極對比度的太空望遠鏡問世。

孤立的系外行星、流浪行星的探測

◉ 發現沒有主星，在太空飄流的行星

本節來詳細聊聊本書已經提過好幾次的「流浪行星」吧。

自1999年至2000年間，日本、英國、西班牙各自觀測到擁有行星等級（小於13倍木星質量）的質量，卻不像系外行星那樣繞著恆星公轉，而是在太空中飄流的天體。這些天體被稱為**流浪行星**（也叫自由浮動行星、孤兒行星等）（圖4-24）。

圖4-24　木星等級質量的流浪行星在恆星形成區域中飄流的想像圖

來源：波爾多大學

在探測流浪行星時，由於附近沒有明亮的恆星存在，因此觀測時比起高對比度更需要高感光度，亦即發現極黯淡天體的能力。此外，流浪行星的溫度也比恆星低，可見光非常微弱，但它們會發出大量紅外線，因此用紅外線探測十分有效。

早期的流浪行星大多是用直接攝影法在蝘蜓座、獵戶座、英仙座等恆星形成區域（恆星活躍誕生的區域）發現的。但由於都是零星的尋找，因此發現數量有限。

2011年，透過系外行星探測方法之一的微重力透鏡法觀測後，結果發現銀河系可能存在很多流浪行星。科學家估算它們的數量就跟銀河系的恆星數量差不多。

然而，由於微重力透鏡現象是一次性事件，因此無法進行追蹤觀測，也無法得知更多細節。

◉ 一次發現多達100顆流浪行星

儘管這些流浪行星存在許多謎團，但最新的研究正逐漸揭開它們的神祕面紗。

2021年12月，由法國波爾多大學、筆者所屬的東京大學、以及天文生物學中心為主的國際研究小組宣布一次發現了多達100顆流浪行星。

該研究團隊把焦點放在天蠍座到蛇夫座的恆星形成區域（約171平方度）。這個恆星形成區域，是在質量遠大於太陽的大質量恆星到遠小於太陽的小質量恆星都會密集誕生的區域中，離地球最近的其中一個，可以詳細研究各式各樣的恆星及其集團的形成過程。

研究團隊收集了約8萬張包含昴星團望遠鏡在內的全球望遠鏡在過去20年拍攝的可見光和紅外線照片，整理出2600萬個天體的位置、亮度和運動數據。然後再結合天文測量專用的蓋亞太空望遠鏡（前一節登場）取得的數據，在這片恆星形成區域中發現了大約100顆流浪行星（圖4-25）。這是迄今為止在單一恆星形成區域發現最多流浪行星的紀錄。

後來，昴星團望遠鏡上的新型光譜儀SWIMS和加那利群島的10m級望遠鏡的紅外光譜觀測證實，這些物體實際上是年輕的流浪行星（換言之不僅僅是遠方的背景恆星）。

圖4-25　已發現之流浪行星(灰色圓圈內)的位置示意圖

來源：ESO／N. Risinger（skysurvey.org）

◉ 流浪行星是如何誕生的？

話說回來，關於流浪行星的形成原理，我們在第3章介紹過「當3顆或更多氣態巨行星在原行星盤中誕生時，它們的軌道會因彼此的引力而變得不穩定，壓扁成橢圓形，然後急速互相靠近，使其中1顆氣態巨行星彈出行星系，變成流浪行星」的理論。此理論叫**拋離假說**。除此之外，還有一種理論認為流浪行星跟恆星一樣，是星際氣體在分子雲中因自身引力而慢慢聚集，最終變成1顆行星。此理論叫**重力收縮假說**。恆星是在重力作用下收縮，使熾熱、緻密的氣體最終發生核融合並開始發光，而不足引發核融合的大量低溫氣體就變成了流浪行星。

在前者的情況下，流浪行星是跟母星（主恆星）失散的「恆星之子」；而在後者的情況下，流浪行星打從一開始就沒有母星。

有一個理論模型解釋了在分子雲收縮並形成天體時，大質量恆星和小質量行星會以多少比例生成。而比較該理論模型跟本次觀測的恆星形成區域後，我們發現在該區域中找到的流浪行星遠遠多於理論模型的預測。換言之，流浪行星大多不是直接由分子雲收縮產生，而應該是先在恆星周圍形成行星，然後才從行星系統中被拋出來的。

◉ 流浪行星上存在生命嗎？

不繞恆星公轉的流浪行星附近，缺少了恆星這個維持生命所需的能量源。假如太陽系中沒有太陽，地球的生命也十之八九不會誕生。因此，人們普遍認為流浪行星上存在生命的可能性很低。

不過，倒也不是完全不可能。比如假如行星上含有大量的鈾等放射性元素，那麼這些元素在衰變（放射性元素自然放出粒子或電磁波並轉變為另一種元素的現象）時，估計將持續釋放超過幾億年的熱。科學家認為，這種衰變熱的能量或許可以讓水保持液態，並成為生命的能量來源。

在系外行星尋找生命的徵兆

◉ 將探測器送往系外行星很困難

接下來終於要談到天文生物學最關心的問題：系外行星的生物探測了。

在太陽系尋找生命時，我們會向可能存在生命的行星或衛星發送無人探測器觀測它們，又或者也可以從上面取回樣本。相信在不遠的將來，我們甚至可以進行載人探索，由人類直接到現場調查，比如火星。

然而，當涉及距離太陽系好幾光年甚至幾十光年遠的恆星周圍的系外行星時，情況就完全不同了。別說是在不久的將來，就算是50年、100年後，人類大概還是很難打造出能夠抵達系外行星的探測器。另外，雖然在2016年時，民間提出了一項名為「突破攝星（Breakthrough Starshot）」的太空探索項目，希望朝距離太陽系最近的比鄰星行星系（被認為是位於適居帶的岩石行星）發射一顆可以20%光速飛行、只有郵票大小的無人探測器來拍攝行星，但可行性仍是未知。

順帶一提，突破攝星此計劃是美國一間名為「突破計劃（Breakthrough Initiatives）」的民間組織推動的項目之一。其他還有突破聆聽、突破觀察、突破性信息等項目，全都跟尋找宇宙的生命探索有關。簡單來說，突破聆聽和突破信息項目的目的為探索並跟智慧生命溝通，而突破觀察則是直接攝影。

該組織是由一位對科學十分了解的俄裔富翁尤里．米爾納發起，並由前NASA研究員皮特．沃爾登和彼得．克魯珀領導。像這樣連尋找外星人在內的各種研究都能靠民間資金推動研究，也許正是美國能在全球擁有壓倒性實力的原因吧。我認為，要解答這類人類的終極問題，官方和民間雙方的強力支持在日本也同樣不可或缺。

回到最初的話題，在探索系外生命時，「**在地球上（或附近）觀測，也**

能判斷該行星是否存在生命」非常重要。那麼，我們究竟該如何做到這件事呢？

◉ 反問「地球上存在生命嗎？」的薩根實驗

第1個跳出來嘗試解決這個問題的，是在本書序章開頭就提到過的NASA天文學家薩根。

在1989年發射的伽利略號木星探測器前往木星的途中，薩根和他的同事將伽利略號的觀測設備轉向地球、金星和火星。據說當時他們詼諧地問了一個問題：「**地球上存在生命嗎？**」。換言之，他們反思了從遠處觀察地球、金星和火星時，我們究竟能看到什麼樣的光譜，又是否能從光譜中分析出只有地球擁有生命存在。這可以說是一場預見到在系外行星探索生命的時代將會到來的精彩實驗。

圖4-26從左到右分別是金星、地球和火星的光譜。其中只有地球的光譜（吸收光譜）看得出有**臭氧**（O_3）和**水**（H_2O）存在，而金星或火星則看不見。臭氧是3個氧原子組成的分子，是氧氣分子被紫外線分解後的產物，所以地球存在臭氧就等於存在氧氣分子。同時因為地球大氣中有水蒸氣，因此也可確定有水存在，接著再計算環境溫度，就能得出地球表面存在液態水的結論。

圖4-26　金星（左）、地球（中）、火星（右）的光譜比較。
觀測波長是紅外線

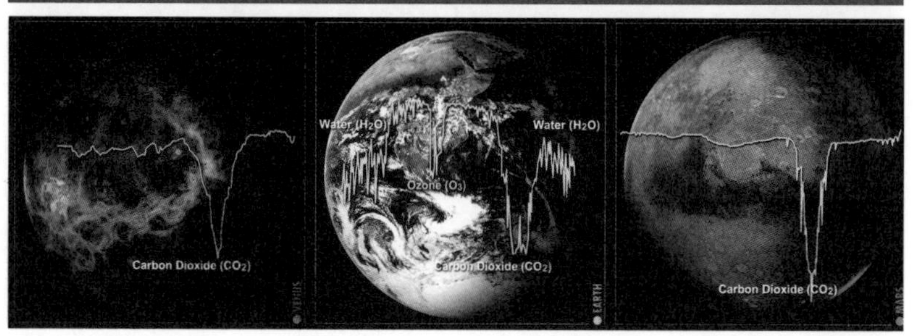

來源：ESA

另外，雖然在此圖中看不見，但從地球的光譜中也能得知**甲烷**（CH_4）的存在。甲烷和氧氣會互相分解，變成水和二氧化碳。因此從兩者同時存在這一點，可以推測出地球上有源源不絕的甲烷和氧氣來源，而這個來源有可能來自生命活動。

對於生物來說，利用大氣層在化學上的這種不平衡狀態（存在物質和能量的流入和流出的狀態）非常重要。

◉ 什麼是生命印跡？

從外部觀測天體時，科學家會用某些分子和原子當成判斷上面是否存在生命的指標，這種指標在天文學上稱為**生物標記**或**生命印跡**。順帶一提，生物標記一詞在醫學上，指的是用來判斷病情變化或治療效果的項目或生物體內的物質，意思不太一樣。因此，以下我們將使用生命印跡一詞。

前面多次提到，液態水對於生命的存在不可或缺。因此液態水可以說是判斷生命存在與否的第1個指標，可算是一種生命印跡。因此科學家會觀測系外行星的大氣層中是否存在水蒸氣，如果大氣濃度高，就代表行星表面存在大量的水，可為大氣層提供水蒸氣。

氧氣也是很好的生命印跡。地球上的氧氣是植物光合作用的副產品，假如一顆行星的大氣存在豐富的氧氣，便能推測它可能存在類似植物的生物，可不斷供應氧氣。

但要注意水也會分解成氧氣和氫氣，如果較輕的氫氣先從大氣逃逸到太空，只有氧氣留下來的話，也會出現大氣富含氧氣的假象。還有，由於從氧氣變化而來的臭氧，即使只有很少量也能輕易檢測到，所以也是一種良好的生命印跡。

甲烷也很適合當成生命印跡。雖然地球上的甲烷有一部分來自火山活動，但大部分來自牛的打嗝、糞便以及甲烷菌（存活時會釋放甲烷的厭氧細菌）。

正如先前所說，如果大氣中同時存在氧氣和甲烷，就代表有東西在不斷供給它們，那麼該行星上存在生命的可能性就會提高。

一如上述，生命印跡並不是「只要找到其中1個，就能證明上面存在生命」的決定性證據。但如果在系外行星的大氣層中同時發現水、氧氣、臭氧、甲烷和二氧化碳中的任意幾種，就將是上面存在生命的強力指標。

◉ 尋找太空植物的反射光！

雖然前面提到的生命印跡暗示了一顆行星上可能有生命存在，但無論哪個都只能算得上是間接證據。

那難道就沒有更直接的證據嗎？事實上，目前的確有個非常有前途的新點子，那就是尋找「太空植物」。

葉綠體是植物細胞用來進行光合作用的胞器，含有大量可吸收光能的化學物質**葉綠素**（Chlorophyll）。植物一般是綠色，就是因為葉綠素會反射綠色的可見光。

其實葉綠素反射的可見光並不多。若換成波長比可見光更長的紅外光，反射率將增加到10倍以上（圖4-27）。假如我們的眼睛可以看到紅外線，植物就不會是綠色，而是「紅外線色」。有一說認為葉綠素之所以反射（不喜歡）紅外線，是因為如果吸收過多的紅外線，光合作用的化學反應就無法順利進行，但真相不得而知。

圖4-27　植物的反射光譜

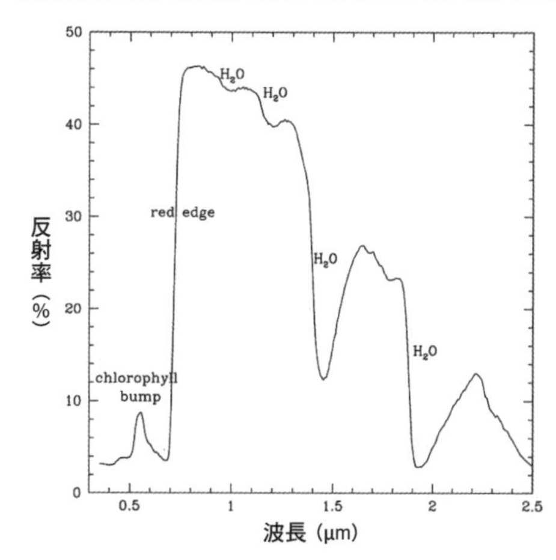

波長0.7μm（微米）的「牆」就是紅邊。另外，由於在0.55μm（綠色可見光）時的反射率小幅增加（chlorophyll bump），所以植物看起來才是綠色。

來源：Seager and Ford

由於植物反射光譜上的紅外線部分，在圖表上高得就像一堵牆，因此被稱為**紅邊**（red edge）。這種反射光譜非常獨特，因此可能比大氣分子光譜中的生命印跡更容易檢測。

事實上，科學家已在地照的光譜中觀測到紅邊。**地照**是地球將太陽光反射到月球上，使月球照不到太陽的暗面隱隱可見的現象。換言之，觀測地照就是在觀測地球上各種光的集合，即使如此我們還是可以從中識別出紅邊。

如果在系外行星的光譜中發現紅邊，就代表我們發現了系外植物或太空植物。因此葉綠素也被認為是一種重要的生命印跡。

質量比太陽更小的恆星周圍的系外行星生命探測

◉ 分析M型主序星行星的紅邊

在第4章，我們提到質量遠小於太陽且表面溫度較低的M型主序星周圍的類地行星正逐漸成為探測焦點。那麼在M型主序星的系外行星上探測生命時，剛才提到的紅邊能成為可靠的生命印跡嗎？

我們在前面說過，M型主序星放出的紅外線（屬於紅外線中波長偏短、波長較接近可見光的**近紅外線**）比可見光更多。因此在探測M型主序星的系外行星時，同樣也是利用近紅外線。

如果M型主序星的系外行星上有植物繁殖，它們可能會利用M型主序星上豐富的近紅外線進行光合作用。

換句話說，地球植物會反射紅邊波長的近紅外線，但M型主序星的植物可能會反過來利用它行光合作用。以前的科學家這麼認為：如果真是如此，那麼M型主序星的植物應該會反射（不喜歡）更長波長的紅外線，擁有跟地球植物不一樣的紅邊位置。

但相對地在2017年，由天文生物學中心的瀧澤謙二博士領導的研究小組提出了「**M型主序星（紅矮星）系外行星的紅邊位置應該跟地球植物相同**」的新理論。這是因為他們認為會行光合作用的太空植物應該會在水中誕生。

科學家認為，地球上的藻類和植物，最初應該源自一種名為藍菌（藍綠藻）的光合作用細菌跟其他水中生物形成的共生關係。而科學家推測M型主序星周圍系外行星上的太空植物，也會以同樣的方式在水中形成。不過，紅外線不易穿透水，在深度超過1m的地方，紅外線的量會急劇減少。因此，太空植物更可能使用抵達水下的少量可見光行光合作用，而不是使用來自M型主序星的大量紅外線。

科學家推測此類 M 型主序星行星的植物在演化到陸地上後，仍會繼續利用可見光進行光合作用。要演化成能利用豐富的紅外線進行光合作用，或許並沒有那麼容易。

事實上，地球上也存在某些紅外線比可見光更多的環境，但在這些地方也沒有發現會積極利用紅外線行光合作用的植物。

因此，瀧澤博士的團隊認為，在 M 型主序星的行星上尋找太空植物時，只需尋找跟地球植物相同位置的紅邊即可（圖 4-28）。

圖4-28　紅矮星(M型主序星)周圍行星的光合作用

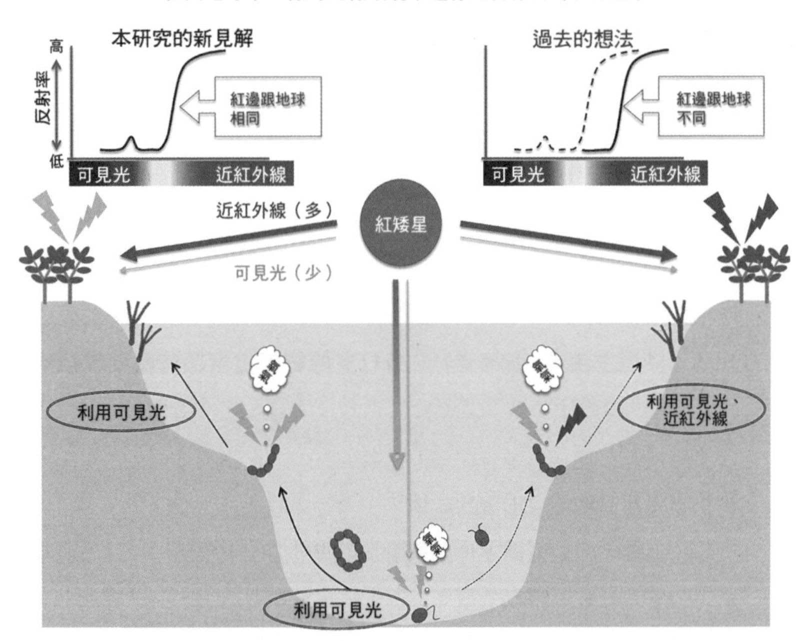

過去（圖右側）科學界認為太空植物是利用豐富的近紅外線行光合作用，所以紅邊應該跟地球植物不一樣。但本次研究的見解（圖左側）認為，太空植物跟地球植物一樣利用可見光進行光合作用，因此紅邊的出現位置很可能也跟地球植物一樣。

來源：日本天文生物學中心

◉ 利用植物發出的「螢光」當生物標記

作為天文生物學中心的最新研究主題，接著我想介紹一下利用植物發出的「螢光」當成生命印跡的方法。

圖4-29　光能在光合作用中被葉綠素吸收後的去向

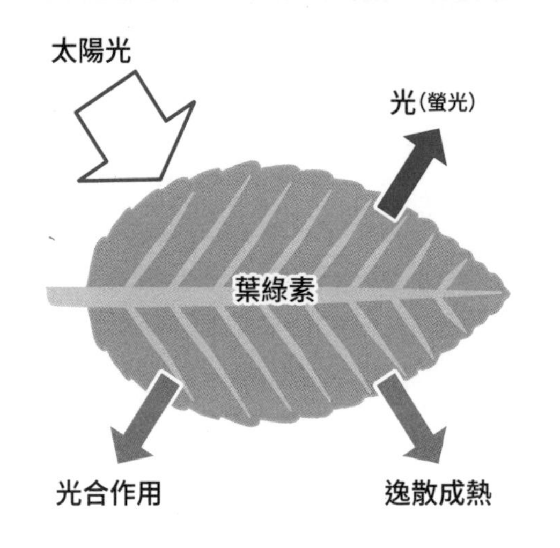

一部分會被用於光合作用，其餘部分會變成熱或光（螢光）發散、釋放掉。

正如上一節所述，植物會利用葉綠素這種化學物質（色素）吸收可見光，然後利用可見光的能量進行光合作用。然而，並非所有吸收到的光能都可以用來進行光合作用，因為有些能量會以熱的形式散發掉，也有些會再次變成光線被釋放掉（圖4-29）。這種再次被釋放出來的光叫**葉綠素螢光**。已知這種螢光擁有很獨特的波長。

前面說過，植物的反射光具有一種叫紅邊的波長特徵，原因是葉綠素會吸收可見光並大量反射近紅外線。

而與此相異，葉綠素螢光則是葉綠素吸收太陽光的能量後，將一部分能量又轉化回光波重新釋放出去的產物。

近年，科學家在做**遙測**，也就是用人造衛星從太空觀測地球時，發現人造衛星可以檢測到陸地植物的葉綠素螢光，這項發現引起了科學界關注。遙測也可以檢測到地球植被的紅邊，而紅邊也被當成評估地表植被量的指標。另一方面，由於葉綠素螢光的強度會隨植物光合作用的速度產生變化，因此葉綠素螢光被當成評估植被活動力的指標。從實際的觀測數據來看，地球低緯度附近的葉綠素螢光強度較強，代表低緯度地區的植被光合作用比較活躍。

如果我們能在系外行星的光中檢測到這種由光合作用產生的葉綠素螢光，那麼這種螢光理論上將可成為一種新的生命印跡。我們或許可以試著同時檢測紅邊和葉綠素螢光。目前，天文生物學中心的小松勇博士團隊也正在研究此種可能性。

天文生物學的未來

◉ 系外行星探測、生物探測的未來展望

自1995年科學家用間接法發現了第1顆系外行星以來，在那之後短短25年裡，人類已找到5000多顆系外行星。同時在昴星團望遠鏡的活躍下，如今我們得以直接觀測系外行星，甚至在太陽系附近發現了像地球這樣的小型岩石行星。

今後，研究太陽系附近的類地行星，並在上面尋找生命的跡象，將變得愈來愈重要。在未來5年內，相信我們將在太陽系附近發現大量類地行星，其中主要是M型主序星周圍的類地行星。

另外，我認為我們或許還能在系外行星上發現水的存在。由於水是最重要的生命印跡，因此一旦發現水，就代表我們距離外星生命存在的可能性又邁進了一步。

然後在大約10年後，我們希望能在太陽系附近的M型主序星周圍的系外行星上找到地外生命的蹤跡。屆時將有數架30m級的超大型望遠鏡上線服役，因此我認為這是相當有可能的。

然後在2040年代，「LUVEx任務」等終極高對比度太空望遠鏡將會發射升空，展開觀測，藉此我們或許不僅可以觀測到小質量M型主序星的周圍，還能在類太陽恆星周圍的類地行星上發現生命的蹤跡。宇宙中遍布「第二地球」，而且那些行星上棲息著各式各樣的生命，這些命題成為常識的時代或許終將到來。

◉ 關於日本天文生物學中心

本書的最後，將介紹一下**天文生物學中心**這個機構。希望以下的介紹能幫助一般讀者了解這個冠以「天文生物學」知名的研究組織到底在做什麼，同時更加認識天文生物學這門學問。

日本天文生物學中心是由日本國立天文台的「系外行星計劃」發展而來，成立於2015年。本機構由當時的自然科學研究機構長佐藤勝彥，以及當時的日本國立天文台台長觀山正見成立，並在前任機構長小森彰夫和現任機構長川合真紀的領導下順利發展，成為**日本自然科學研究機構的直轄單位**。以近年太陽系外行星觀測的進展為契機，本機構的成立目的是以科學方法探索「宇宙中的生物」，並解開它們身上的謎團，進行天文生物學方面的研究。

雖然歐美的天文生物學研究起步更早，但在筆者印象中大多是虛擬組織，或是單純透過網路交流。相較之下，日本的天文生物學中心擁有實體的研究機構，還是大學共同利用機關法人的直轄單位，而且正針對系外行星探索和研究的最新發展，根據未來**探測系外行星生命跡象**的路線圖開發大型設備。這些都是日本獨有的優勢。

本中心的標誌（圖4-30）是以藍色為主色，由本中心的縮寫ABC（AstroBiology Center）3個字母組合而成。其中「A」和「C」組成水滴的形狀，「B」象徵太陽的位置和DNA，「C」的部分則跟太陽系的適居帶對齊。是以「宇宙、生命、水、第二地球」這4個概念設計的。

圖4-30　天文生物學中心的標誌

在網路上搜尋，會發現「天文生物學」一詞的日文搜尋次數自2015年以來不斷增加，正逐漸在日本紮根。不想研究純粹的天文學，更想研究天文生物學的學生也愈來愈多。

筆者將天文生物學中心的長期**願景**，定位為「多樣性行星生物學」。這是我自己創造的詞彙，結合了宇宙中行星的多樣性和地球上生命的多樣性，旨在開拓出超越地球、以整個宇宙為範疇的生物學。而理論上我們可以從多樣性中看出普遍性和規律性，因此多樣性行星生物學也可以說是「普適性生物學」。另一方面，本中心的短期任務則是「系外行星及其上的生命」。此任務的目標，是抓住目前系外行星研究在天文生物學和天文學領域正火熱的大好時機，牽引這門領域的發展。至於具體的事業內容，即本中心的價值，則包括融合不同領域以推動天文生物學領域的發展、作為系外行星研究的核心機構致力在宇宙中探索生命的跡象、研發大學難以開發之研究天文生物學專用的大型設備、培養年輕研究人員、建立海外的天文生物學機構和網絡、招聘海外研究人員和年輕研究人員。

◉ ABC的3個計劃室

本中心設有「系外行星探測計劃室」、「天文生物學設備開發室」、「宇宙生命探測計劃室」這3個部門，分別以發現系外行星、開發探測生物的裝置、以及搜索生物蹤跡為宗旨。今後為強化日本國內外的合作，預定還會再增設新的計劃室以及外部的衛星單位。

目前，**系外行星探測計劃室**正嘗試運用已應用在昴星團望遠鏡上的近紅外線高分散光譜儀 IRD，實現高精度的紅外線徑向速度觀測，尋找位於 M 型主序星周圍的「第二地球」。同時，團隊也正運用昴星團望遠鏡的超自適應光學裝置 SCExAO 和 CHARIS 光譜儀，直接拍攝系外行星的照片，並直接觀測中心恆星周圍的星周盤，為我們揭開孕育巨行星和行星的原行星盤的多樣面貌。除此之外，該計劃室還運用日本國內外望遠鏡搭載的多色同步相機 MuSCAT，觀測系外行星的凌日現象和大氣組成，並使用位於智利阿塔卡瑪沙漠的 ALMA 望遠鏡詳細觀測星周盤結構。

而**天文生物學設備開發室**，主要負責研發、維護、營運昴星團望遠鏡的 SCExAO 和 IRD，並支援日本國內外研究者的太陽系外行星研究。除此之外，該團隊也負責研發用於直接、間接觀測類地行星和檢測生命印跡的次世代30m 級望遠鏡（TMT 等），以及用於未來太空望遠鏡計劃的裝置。

至於**宇宙生命探測計劃室**，則負責解開宇宙生命起源之謎的第一步，藉由觀測星際空間的電波，探索生命的原料物質——胺基酸。除此之外，該團隊也在研究篩選可觀測之生命印跡，以及 M 型主序星周圍行星的紅邊等跡象。另外，團隊也從事關於太陽系內的行星和衛星上是否可能存在生命的基礎研究。

在本中心的研究者，以及日本國內外眾多天文生物學研究者的努力下，相信人類終能找出「地球生命究竟是如何誕生」、「宇宙是否存在其他生命」以及「生命究竟是什麼」這些終極問題的答案。天文生物學這門領域將來必定會繼續發展茁壯，超越天文學和生物學的框架。筆者由衷期盼本書能讓讀者們更關注這門學問，並幫助到立志加入這個新天地的年輕研究者。

〈作者簡介〉

田村元秀

東京大學研究所教授、天文生物學中心主任（兼職於日本國立天文台）。1988年，京都大學研究所理學研究科博士課程畢業。理學博士。曾任美國國家光學天文台研究員、NASA噴射推進實驗室研究員、日本國立天文台助理教授、副教授，分別於2013年和2015年就任現職。
專長為系外行星天文學、恆星／行星形成、紅外線天文學。曾獲日本天文學會林忠四郎獎和東麗科學技術獎等。著有《太陽系外行星》（日本評論社，2015年）和《尋找第二個地球！》（光文社，2014年）和《天文生物學》（合著，化學同人，2013年）等。（書名皆暫譯）

日文版 STAFF

構成・編輯　中村俊宏

天文生物學超入門

從生命起源到系外生物探測，探索宇宙演化的嶄新學問

2023年10月1日初版第一刷發行

著　　者　田村元秀
譯　　者　陳識中
副 主 編　劉皓如
美術編輯　林佳玉
發 行 人　若森稔雄
發 行 所　台灣東販股份有限公司
＜網址＞ http://www.tohan.com.tw
法律顧問　蕭雄淋律師
香港發行　萬里機構出版有限公司
＜地址＞ 香港北角英皇道499號北角工業大廈20樓
＜電話＞（852）2564-7511
＜傳真＞（852）2565-5539
＜電郵＞ info@wanlibk.com
＜網址＞ http://www.wanlibk.com
http://www.facebook.com/wanlibk
香港經銷　香港聯合書刊物流有限公司
＜地址＞ 香港荃灣德士古道220-248號
荃灣工業中心16樓
＜電話＞（852）2150-2100
＜傳真＞（852）2407-3062
＜電郵＞ info@suplogistics.com.hk
＜網址＞ http://www.suplogistics.com.hk
ISBN 978-962-14-7507-7